Viktor E. Frankl

İNSANIN ANLAM ARAYIŞI

okuyan us

okuyan us

Psikoloji/Psikiyatri - 29

İnsanın Anlam Arayışı
Viktor E. Frankl

ISBN: 978-605-4054-20-6
Yayıncı Sertifika No. 49055

1. Baskı: İstanbul, Haziran 2009
91. Basım: İstanbul, Şubat 2021

Yayın Yönetmeni: Cem Mumcu
İngilizceden Çeviren: Özge Yılmaz
Editör: Meltem Türkeri
Redaksiyon: Kardelen Uysal

Kapak Tasarımı: Ebru Demetgül
Sayfa Tasarımı: Deniz Dalkıran

Baskı ve Cilt: Yıldız Mücellit Matbaacılık ve Yayıncılık San. ve Tic. A.Ş.
Maltepe Mah., Gümüşsuyu Cad., Dalgıç Çarşısı, No: 3/4
Zeytinburnu/İstanbul, Tel: (212) 613 17 33 Faks: (212) 501 31 17
Sertifika No: 46025

Orijinal adı: *Man's Search for Meaning*

Kurucu: Cem Mumcu

Özgür ve Ebru, hep bizimlesiniz...

Adres: Gürsel Mah. İcabet Sokak, No:3 Daire:6
Kağıthane, İstanbul Tel.: (0212) 272 20 85 - 86

okuyanus@okuyanus.com.tr
www.okuyanus.com.tr

Viktor E. Frankl

İNSANIN ANLAM ARAYIŞI

İngilizceden Çeviren:
Özge Yılmaz

okuyan us

Yazar Hakkında

Viktor E. Frankl (1905-1997), Avusturyalı psikiyatr. 'Üçüncü Viyana Okulu'nun ve logoterapinin kurucusu olan Frankl, varoluşçu terapinin de en önemli isimlerinden biridir. İkinci Dünya Savaşı sırasında toplama kamplarında yaşadıklarını, kendi psikiyatrik öğretisi bağlamında geniş kitlelere sunduğu ***İnsanın Anlam Arayışı,*** otuzun üzerinde yabancı dile çevrilmiş ve Frankl'in "Freud ve Adler'den sonra sahasının en dikkat çeken ismi" olarak anılmasını sağlamıştır. Diğer önemli eserleri arasında ***Bilinçdışı Tanrı (The Unconscious God), Anlam İstemi (The Will to Meaning)*** ve ***Psikoterapi ve Varoluşçuluk (Psychotheraphy and Existentialism)*** sayılabilir.

İçindekiler

Önsöz

Yazar ve Psikiyatr Dr. Frankl, irili ufaklı birçok ıstıraptan mustarip olan danışanlarına "Neden intihar etmiyorsunuz?" diye sorar. Verdikleri cevaplarda genellikle psikoterapisinin ana hatlarını bulabilir: Bir insan çocuklarına karşı hissettiği sevgisine; bir diğeri kullanılabilecek bir yeteneğe; üçüncü biri belki sadece hatırlamaya değer anılarına sığınır. Parçalanmış yaşamın bu ince ipliklerinden sağlam bir anlam ve sorumluluk örmek, Dr. Frankl'ın kendi modern varoluşsal analiz versiyonu olan logoterapinin hedefi ve zorluğudur.

Bu kitapta Dr. Frankl, logoterapinin keşfine yol açan deneyimleri anlatmaktadır. Barbarlık yuvası toplama kamplarında kendisini çıplak varoluşuna indirgenmiş olarak bulmuştur. Babası, annesi, erkek kardeşi ve karısı kamplarda ölmüş veya gaz odalarında öldürülmüştür. Kendisi ve kız kardeşi haricindeki tüm ailesi bu kamplarda yok edilmiştir. Peki sahip olduğu her şeyi kaybetmiş, her değeri yok edilmiş, açlık, soğuk ve zulüm çeken ve her saat öldürülmeyi bekleyen bu adam kendi yaşamını nasıl yaşamaya değer bulabilmiştir? Böyle bir durumla karşılaşan bir psikiyatr, dinlemeye de değer bir psikiyatrdır. İnsanın durumunu bilgelik ve şefkatle ele alabilecek biri varsa, o Dr. Frankl'dır. Dr. Frankl'ın sözleri gerçekten dürüst bir hareye sahiptir çünkü yalana yer bırakmayacak kadar derin deneyimlere dayanır. Söyledikleri Viyana Üniversitesi Tıp Fakültesi'ndeki konumundan ve Viyana'daki meşhur

Nöroloji Polikliniği'nin izinden şekillenen logoterapi kliniklerinin sayısının hızla artmasından dolayı prestij kazanır.

İnsan, Viktor Frankl'ın kuram ve terapiye yaklaşımını kendisinden önce gelen Sigmund Freud'un çalışmalarıyla karşılaştırmadan edemiyor. Her iki hekim de öncelikli olarak nevrozları keşfetmeye ve tedavi etmeye çalıştı. Freud, bu sıkıntı verici bozuklukların kökeninin çatışmalı ve bilinçdışı güdülerden kaynaklanan kaygıda olduğunu düşünüyordu. Frankl ise birkaç tipte nevrozu birbirinden ayırt ederek bazılarının (noöjenik nevrozlar) kişinin varoluşundan bir anlam ve sorumluluk hissi çıkarmayı başaramamasından kaynaklandığını öne sürdü. Freud, cinsel yaşamda engellenmeden bahsetti; Frankl ise "anlam istencine" yönelik engellenmeden. Bugün Avrupa'da Freud'a sırt çevirme ve biri logoterapi olmak üzere birkaç biçimi olan varoluşsal analize yönelme yaygınlık kazanmaktadır. Frankl'ın hoşgörülü yaklaşımı Freud'u reddetmez ve hatta onun katkılarından faydalanırken, diğer varoluşsal terapi biçimleriyle de tartışmaya girmek yerine onlarla yakınlık kurar.

Elinizdeki anlatı kısa olmasına rağmen hünerle inşa edilmiştir ve okuyucuyu anında yakalar. Ben bu kitabı iki kez, tek oturuşta okudum ve kendimi büyüsünden kurtaramadım. Öykünün ortalarından sonra bir yerde Dr. Frankl kendi logoterapi felsefesini tanıtır. Bunu anlatının sürekliliğinde o kadar yumuşak bir geçişle yapar ki okuyucu elindekinin sadece toplama kamplarının vahşi masallarından biri olmadığını, çok derin bir metin olduğunu ancak kitabı bitirdikten sonra kavrar.

Bu otobiyografi parçasından okuyucu çok şey öğrenir. İnsanın "İnanılmayacak kadar çıplak kalmış yaşamı haricinde kaybedecek hiçbir şeyi kalmadığını" anladığında ne yaptığını öğrenir. Frankl'ın duygu ve umarsızlığın karmaşık akışına ilişkin tanımı çarpıcıdır. İmdada ilk olarak, insanın kendi kaderine yönelik soğuk ve duyarsız merakı yetişir. Ardından hızla, hayatta kalma olasılığı çok az olmasına rağmen, kişinin yaşamından artakalanları koruma stratejileri başlar. Açlık, aşağılanma, korku ve haksızlığa yönelik derin öfke, sevilen insanların imgeleri, dil, mizah duygusu ve hatta doğanın sağaltıcı güzelliğine atılan birkaç bakış sayesinde katlanılabilir hale gelir.

Ancak bu rahatlık anları, tutsağın görünürde anlamsız olan ıstırabından daha büyük bir anlam çıkarmasını sağlamadığı sürece yaşama istencini ortaya çıkarmaz. Bu noktada varoluşçuluğun merkez temasıyla karşılaşırız: Yaşamak acı çekmektir ve hayatta kalmak acıda bir anlam bulmak demektir. Yaşamın anlamı varsa, ıstırap ve ölümün de anlamı vardır ancak kimse bir diğerine bu amacın ne olduğunu söyleyemez. Herkes bu anlamı kendi bulmalıdır ve bu cevabın gerektirdiği sorumluluğu kabul etmelidir. Bunu başaran insan, tüm aşağılayıcı durumlara rağmen büyümeye devam edecektir. Frankl, Nietzsche'den şu alıntıyı severek kullanır: "Yaşamak için bir nedeni olan insan her türlü nasıla katlanabilir."

Toplama kampındaki tüm şartlar, kişinin dayanma gücünü sınamak için sözleşmiş gibidir. Hayatın olağan hedefleri tutsakların elinden alınmıştır. Geride kalan tek şey "insan özgürlüklerinin sonuncusu" olan, insanın "verili koşullar altında tavrını seçebilme" özgürlüğüdür. Antik stoikler kadar modern varoluşçular tarafından da tanınan bu nihai özgürlük, Frankl'ın öyküsünde canlı bir öneme sahiptir. Tutsaklar ortalama insanlardır ancak bazılarının en azından "çektikleri acıya değer olmayı" seçmeleri insanın dışarıdan belirlenen kaderinin üzerine çıkma yetisini kanıtlar.

Bir psikoterapist olan yazar elbette ki insanın bu insana özgü kapasiteyi nasıl kazanabileceğini anlamak ister. Bir danışanda koşullar ne kadar acımasız olursa olsun, hayatta bir şeylerden sorumlu olduğu hissi nasıl uyandırılır? Frankl, bize tutsak dostlarıyla gerçekleştirdiği bir kolektif terapi seansını aktarır.

Yayımcının isteği üzerine, Dr. Frankl logoterapinin temel ilkelerine ilişkin kısa bir bölüm ve bir kaynakça eklemiştir. Şimdiye kadar bu Üçüncü Viyana Psikoterapi Okulu'nun yayınları (öncekiler Freud ve Adler'in izindeydi) temelde Almancaydı. Bu nedenle okur Dr. Frankl'ın kendi kişisel anlatısından fayda görecektir.

Birçok Avrupalı varoluşçunun aksine, Frankl ne kötümserdir ne de din karşıtıdır. Tam aksine ıstırabın ve kötü güçlerin her yerde bulunduğunu netlikle görmüş bir yazar olarak insanın zorlukları aşma ve hakikati rehber edinme kapasitesine dair şaşırtıcı bir şekilde umutlu bir görüşü vardır.

Bu küçük kitabı yürekten tavsiye ediyorum çünkü bu insan sorunlarının en derinine odaklanan çarpıcı bir anlatı cevheridir. Edebi ve felsefi değeri vardır ve günümüzün en önemli psikolojik hareketini tanımak için iyi bir giriş niteliğindedir.

GORDON W. ALLPORT

Harvard Üniversitesi'nde psikoloji profesörü olan Gordon W. Allport, bu yarıkürenin en önde gelen yazar ve öğretmenlerinden biriydi. Çok sayıda özgün psikoloji çalışmasında imzası bulunmasının yanı sıra, *Journal of Abnormal and Social Psychology* dergisinin de editörüydü. Dr. Frankl'ın devasa teorisinin bu ülkede tanıtılması, Profesör Allport'un öncü çalışmaları sayesinde olmuştur ve burada logoterapiye gösterilen ilginin sıçramalı bir artış göstermesi de yine onun sayesindedir.

1984 Basımına Önsöz

Bu kitap İngilizcede yetmiş üçüncü baskısını gördü ve on dokuz dile çevrilerek yayımlandı. İngilizce baskıları tek başına yaklaşık iki buçuk milyon sattı.

Bunlar kuru gerçeklerdir. Birçok Amerikan gazetesinden ve özellikle de Amerikan televizyon kanallarından muhabirin, röportajlarına bu gerçekleri listeledikten sonra "Dr. Frankl, kitabınız gerçek bir çoksatan oldu, bu başarı ile ilgili ne hissediyorsunuz?" diye sorarak başlamasının nedeni bunlardır. Kendi hesabıma kitabımın çoksatan olmasını kendi başarım ve kazancım olmaktan çok çağımızın sefaleti olarak görüyorum: Yüz binlerce insan, adı hayatta anlam bulma arayışına ilişkin bir şeyler vadeden bir kitabı alıyorsa, bu sorunu saç diplerine kadar hissediyor demektir.

Elbette başka şeyler de kitabın etkisine katkıda bulunmuş olabilir: İkinci kuramsal bölüm (Ana Hatlarıyla Logoterapi) ilk bölümdeki otobiyografik anlatıdan (Toplama Kampı Deneyimleri) süzülen dersleri özetlerken, ilk bölüm kuramı varoluşsal geçerlemesi niteliğindedir. Bu yüzden her iki bölüm de karşılıklı olarak birbirinin inandırıcılığını artırır.

1945'te bu kitabı yazdığımda aklımda bunların hiçbiri yoktu. Kitabı dokuz gün içinde, isimsiz olarak yayımlamaya kesinlikle kararlı olarak yazdım. Aslında Almanca ilk baskısında adım kapakta görünmüyordu. Buna rağmen son anda kitabın gerçek baskısı yapılmadan önce arkadaşlarımın en azından kitabın adı bulunan iç sayfada ismimi yazmam konusundaki ısrarlarına teslim oldum.

İlk başta isimsiz bir eser olarak yazarına ün kazandıramayacağına emindim. Sadece okuyucuyu hayatın en acımasızları da dahil olmak üzere tüm koşullar altında potansiyel bir anlam barındırdığına ikna etmek istemiştim. Bunun gerçekliğini toplama kampı gibi bir koşulda bile gösteren kitabımın adının duyulacağını düşünüyordum. Bu yüzden de neler yaşadığımı yazmamın bir sorumluluk olduğuna, bunun umutsuzluğa meyilli olan insanlara yardımcı olabileceğine inanıyordum.

Yazdığım bir düzineden fazla kitap arasında özellikle de yazara ün katmaması için isimsiz basmaya niyetlendiğim bu kitabın tam bir başarı öyküsü olması bana hem şaşırtıcı hem de önemli geliyor. Bu nedenle hem Avrupa'daki hem de Amerika'daki öğrencilerimi tekrar tekrar aynı şekilde uyarıyorum: "Başarıyı amaçlamayın; bunu ne kadar amaçlayıp hedef haline getirirseniz, elinizden o kadar kolay kaçırırsınız. Mutluluk gibi başarı da kovalanamaz: Kendisi ortaya çıkmalı ve bu sadece insanın kendisinden daha büyük bir davaya bağlanmasıyla veya insanın kendisi dışında bir insana tesliminin yan etkisi olarak gerçekleşebilir. Mutluluk kendiliğinden ortaya çıkmalıdır ve aynısı başarı için de geçerlidir; onu önemsemeyerek ortaya çıkmasına izin vermelisiniz. Vicdanınızın size dikte ettiğini dinlemenizi ve bunu bilginizi en yüksek seviyede kullanarak takip etmenizi istiyorum. Bu sayede uzun vadede bunu görebilirsiniz. Uzun vadede başarı sizi takip edecektir çünkü onu düşünmeyi unuttunuz."

Bunu izleyen metin sevgili okuyucu, sana Auschwitz'ten öğrenilmiş dersi anlatacak; bu önsözün ardından gelen satırlar istemeden çoksatan olmuş bir kitaptan öğrenilebilecek bir ders verecek. Bu kitabın yeni baskısına kitabın teorik sonuçlarını güncellemek için bir bölüm eklendi. Haziran 1983'te, Batı Almanya'nın Regensburg Üniversitesi Büyük Oditoryumu'nda toplanan Dünya Üçüncü Logoterapi Kongresi'nde onursal başkan olarak verdiğim ders, bu kitabın 1984 baskısındaki "1984 Ek Yazısını" oluşturmaktadır ve bu bölüme "Trajik İyimserlik Lehine" başlığı verilmiştir. Bu bölüm, günümüzün kaygılarına istinaden insan varoluşunun tüm trajik unsurlarına rağmen "hayata evet demenin" nasıl mümkün olabileceğini anlatmaktadır. Başlıktan söz edecek olursak, geleceğe yönelik "iyimserliğin", "trajik" geçmişimizden öğrenilmiş bir ders olması umulmaktadır.

V. E. F.
Viyana, 1983

BİRİNCİ KISIM

TOPLAMA KAMPI DENEYİMLERİ

Bu kitap, olayların ve olguların değil kişisel anıların; milyonlarca tutsağın defalarca yaşadığı deneyimlerin bir beyanıdır. Bir toplama kampının, oradan çıkanlardan biri tarafından anlatılan içeriden hikayesidir. Bu masal, yeterince anlatılmış (ancak daha az inanılmış) büyük dehşetler değil, küçük eziyetlerden oluşan birikimle ilgilidir. Başka bir deyişle şu soruyu cevaplamaya çalışır: Ortalama bir tutsak için toplama kampında gündelik yaşam nasıldır?

Burada anlatılan olayların birçoğu büyük ve ünlü kamplarda değil, asıl imhanın gerçekleştiği küçük kamplarda gerçekleşmiştir. Bu öykü, ne büyük kahraman ve şehitlerin ıstırap ve ölümleri, ne başlıca Kapolar (özel ayrıcalıkları olan ve vasi olarak çalışan tutsaklar) ne de ünlü tutsaklarla ilgilidir. Bu nedenlerle de güçlü olanların ıstıraplarından ziyade bilinmeyen ve kaydı tutulmamış devasa kurbanlar ordusunun feda ettiklerini, çektiklerini ve ölümlerini anlatır.

Kapolar, kollarında ayırt edici bir işaret taşımayan bu mahkumları gerçekten hor görürlerdi. Bu sıradan tutsaklara pek az yiyecek verilir ve bazen de hiç verilmezken, Kapolar asla aç kalmadılar. Hatta Kapoların birçoğu kampta, tüm hayatları boyunca beslendiklerinden daha iyi beslendi. Tutsaklara karşı çoğunlukla gardiyanların olduğundan daha serttiler ve onları SS'nin adamlarının dövdüğünden daha vahşice döverlerdi. Bu Kapolar elbette ki karakterleri bu tür işler için uygun olanlar arasından seçilmişlerdi ve onlardan bekleneni vermedikleri anda rütbeleri alınırdı. Kısa sürede SS'nin adamlarından ve kamp gardiyanlarından hiçbir farkları kalmadığı için aynı psikolojik zeminde değerlendirilebilirler.

Dışarıdan bakan birinin, kamp hayatına dair, duygusallık ve acımanın bulandırdığı yanlış bir fikre kapılması kolaydır. Tutsaklar arasında süregiden çetin var olma savaşı konusunda pek bir şey bilmiyordur. Bu, günlük ekmek ve yaşamın kendisi için kişinin kendi adına veya iyi bir arkadaşı için verdiği amansız bir mücadeledir.

Mesela resmi olarak belli sayıda tutsağın başka bir kampa sevki için olduğu söylenen nakil araçlarını ele alalım: Bunların son durağının gaz odaları olduğunu tahmin etmek zor değildi. Çalışabilecek durumda olmayan hasta ve zayıf tutsaklar seçilerek, gaz odaları ve fırınlarla dolu olan büyük merkezi kamplardan birine gönderilirdi. Seçim süreci, tüm tutsaklar veya gruplar arasında bir meydan kavgasının başlama işaretiydi. Herkes kurtarılan kişinin yerine başka birinin kurban edileceğini bilmesine rağmen önemli olan tek şey kişinin kendi ismini veya arkadaşlarınınkini kurban listesinden sildirebilmekti.

Her bir nakil aracı belli bir sayıda tutsağı götürmek zorundaydı. Bunların hangi tutsaklar olduğu o kadar önemli değildi çünkü her biri sadece bir sayıdan ibaretti. Kampa nakilleri sırasında (en azından Auschwitz'te yöntemlerden biri buydu) tüm resmi belgelerine malvarlıkları ile birlikte el konuluyordu. Böylece her tutsağın kendisine yeni bir isim ve meslek uydurabilme şansı oluyordu; çeşitli sebeplerden dolayı birçoğu bunu yaptı. Yetkililerin ilgilendiği tek şey esirlerin numaralarıydı. Bu numaralar çoğunlukla derilerine dövme ile damgalanıyor, ayrıca pantolon, ceket veya paltoların da belli yerlerine işleniyordu. Bir tutsağa karşı suçlama yöneltmek isteyen bir gardiyanın tek yapması gereken numarasına bakmaktı (o bakışlardan ne kadar korkardık!); asla ismini sormazdı.

Nakil konvoyuna dönecek olursak, ahlaki veya etik sorgulamalar için kimsenin ne vakti ne de isteği vardı. Herkes tek bir düşünce tarafından yönetiliyordu; evde bekleyen ailesine kavuşmak için hayatta kalabilmek ve arkadaşlarını kurtarmak. Dolayısıyla herkes nakil aracında kendi yerine başka bir tutsağı, başka bir "numarayı" tereddütsüz yerleştirebilirdi.

Daha önce de belirttiğim gibi, Kapoların seçimi çirkin bir süreçti (bazı mutluluk verici istisnalar olsa da); tutsaklar arasında sadece en zalimleri bu iş için seçiliyordu ancak SS tarafından yürütülen Kapo seçimi bir yana, neredeyse her zaman tüm tutsaklar arasında süregiden bir seçim süreci daha vardı. Ortalamaya bakılırsa, sadece yıllar boyunca kamptan kampa sürülen ve bu hayatta kalma mücadelesinde tüm erdemlerini kaybeden tutsaklar yaşamlarını sürdürebiliyorlardı. Kendilerini kurtarmak için dürüstçe olsun olmasın, kaba kuvvet, hırsızlık ve arkadaşlarına ihanet de dahil olmak üzere her yolu denemeye hazırlardı. Birçok şanslı olay veya mucizenin (artık buna ne derseniz) yardımıyla geri dönebilmiş olan bizler ise biliyoruz ki en iyilerimiz dönemedi.

Toplama kamplarına dair belgelere dayanan birçok açıklama halihazırda kayıtlara geçmiş durumdadır. Burada olgular, insan deneyimlerinin bir parçası oldukları sürece önemlidir. Elinizdeki denemenin tanımlamaya çalışacağı şey bu deneyimlerin gerçek doğasıdır. Kamplarda kalanlar için bu deneyimler bugünün bilgisi ışığında açıklanmaya çalışılacaktır. Hiçbir zaman kamplara girmeyenlerin ise çok küçük bir yüzdesi hayatta kalan ve artık yaşamını sürdürmekte çok zorlanan tutsakların deneyimlerini öğrenmesine ve daha da önemlisi anlamasına yardımcı olabilir. Bu eski tutsaklar sıklıkla şöyle der: "Biz deneyimlerimiz hakkında konuşmaktan hoşlanmıyoruz. İçeride bulunmuş olanların hiçbir açıklamaya ihtiyacı yok ve diğerleri de ne o zaman nasıl hissetmiş olduğumuzu ne de şimdi nasıl hissettiğimizi anlayamazlar."

Psikoloji, belli bir bilimsel mesafe gerektirdiği için konunun metodik bir sunumunu yapmak epey zor bir girişim ancak gözlemlerini kendi tutsaklığı sırasında yapan bir insan gerekli mesafeye sahip olabilir mi? Bu mesafeye, dışarıdan bakan biri kesinlikle sahiptir ancak o da gerçekten değerli tespitler yapmaktan çok uzaktır. Olanları sadece içerideki bilebilir. Yargıları nesnel olmayabilir; değerlendirmeleri abartılı olabilir. Bunlar kaçınılmazdır. Herhangi bir kişisel yanlılıktan kaçınmaya çalışılmalıdır ve bu tür bir kitabın en büyük zorluğu da budur. Bazen çok mahrem deneyimlerden bahsedebilme cesaretini göstermek gerekir. Ben bu kitabı isimsiz olarak sadece tutsak numaramla yazmaya niyetlenmiştim fakat metin tamamlandığında isimsiz bir yayın olarak değerinin yarısını kaybedeceğini ve iddialarımı açıkça dile getirme cesaretini göstermem gerektiğimi fark ettim. Bu nedenle teşhircilikten hiç hoşlanmamama rağmen bazı pasajları silmekten kaçındım.

Bu kitapta anlatılanlardan kuru teoriler süzme işini başkalarına bırakıyorum. Bunlar, Birinci Dünya Savaşı'ndan sonra esir hayatının psikolojisine dair "dikenli tel" sendromunu bize tanıtan incelemelere katkıda bulunabilir. "Kitlelerin psikopatolojisi" ile ilgili bilgilerimizin zenginleşmesini İkinci Dünya Savaşı'na borçluyuz. Le Bon'un kitabından çok iyi bilinen bir alıntıyı biraz değiştirerek ifade edecek olursam, savaş bize sinir harbi ve toplama kamplarını getirdi.

Bu öykü benim sıradan bir tutsak olarak yaşadıklarımla ilgilidir. Hiç gurur duymadan söylemeliyim ki kampta ilk birkaç hafta haricinde psikiyatr ve hatta hekim olarak istihdam edilmedim. Meslektaşlarımdan birkaçı iyi ısınmayan ilkyardım birimlerinde atık kağıtları sargı olarak kullanarak çalışacak şansa sahip oldu fakat ben yüz on dokuz, yüz dört numaraydım ve çoğu zaman demiryolu için kazı yapıp ray döşedim. Bir keresinde işim hiç yardım almadan yolun altına su geçişi için tünel kazmaktı. Bu çabam ödülsüz bırakılmadı; 1944 Noel'inden hemen önce sözde "ikramiye kuponları" ile ödüllendirildim. Bunlar, resmen köle olarak satıldığımız inşaat firması tarafından sağlanıyordu; şirket, kamp yetkililerine tutsak başına belli bir yevmiye ödüyordu. Kuponlar firmaya elli peniye mal olmuştu ve bazen geçerlilikleri bitse de çoğunlukla haftalar sonra altı sigara ile takas edilebiliyordu. On iki sigara değerindeki bir kuponun gururlu sahibiydim. Daha önemlisi ise sigaralar on iki çorba ile takas edilebiliyordu ve on iki çorba da çoğunlukla açlıktan ölmemenin garantisiydi.

Aslında sigara içme ayrıcalığı haftada bir kuponu garanti olan Kapolar ve bir ihtimal ambar ve atölyelerde ustabaşı olarak çalışan ve yaptığı tehlikeli işler karşılığında birkaç sigara alan tutsaklarla sınırlıydı. Bunun tek istisnası yaşama arzusunu kaybetmiş ve son günlerinin "tadını çıkarmak" isteyenlerdi. Bu yüzden bir yoldaşımızın kendi sigaralarını içtiğini görürsek devam etme dirayetini yitirdiğini anlardık ve bu inanç bir kez kaybedildiğinde bir daha nadiren dönerdi.

Birçok tutuklunun gözlem ve deneyimlerinin sonucu olan büyük birikim incelendiğinde mahpusların kamp yaşamına karşı zihinsel tepkilerinin üç evreye ayrılabileceği görülür: Getirilişinin ardından başlayan evre; kamp rutinine uyum sağladığı evre ve bırakılmasının ve özgürleşmesinin ardından gelen evre.

İlk evreyi karakterize eden belirti şoktur. Şok bazen tutsağın kampa resmi tesliminden bile önce başlayabilir. Örnek olarak kendi teslim koşullarımı anlatacağım.

Bin beş yüz kişi trende günler ve gecelerdir yolculuk ediyordu; her vagonda seksen kişi vardı. Hepsi sahip olduklarından artakalan birkaç parçanın oluşturduğu bagajlarının üzerinde yatmak zorundaydı. Vagonlar o kadar doluydu ki pencerelerin sadece üstündeki küçük bir parçada şafağın griliği görülebiliyordu. Herkes trenin, bizi angaryaya tabi tutulacağımız bir mühimmat fabrikasına götürmesini bekliyordu. Hâlâ Silezya'da mı olduğumuzu yoksa çoktan Polonya'ya mı vardığımızı bilmiyorduk. Tren düdüğünün tıpkı yok edilişe taşıdığı mutsuz yükün yardım çığlığına benzer ürkütücü bir sesi vardı. Derken tren yavaşladı, belli ki bir istasyona yaklaşmıştı. Aniden kaygılı yolculardan bir çığlık yükseldi. "Tabelaya bakın, Auschwitz!" Herkesin kalbi bir an için durdu. Auschwitz ismi, tek başına dehşet verici olan her şey demekti: Gaz odaları, fırınlar, katliamlar... Tren yavaşça, neredeyse tereddüt eder gibi yolcularını bu korkunç gerçekten mümkün olduğunca korumak istercesine hareket etti: Auschwitz!

Şafağın sökmesiyle devasa bir kampın ana hatları görünür olmaya başladı: Uzayıp giden sıra sıra dikenli teller, gözetleme kuleleri, tarama ışıkları ve şafağın griliği içinde düz ıssız yollarda kimbilir nereye doğru sürüklenen kılıksız insanlar... İçeriden komut veren bağırışlar ve düdük sesleri duyuluyordu. Bunların anlamını bilmiyorduk. Hayal gücüm bana darağaçlarında sallanan insanlar gösteriyordu. Dehşete kapılmıştım ancak bu henüz bir hiçti zira bu korkunç ve muazzam dehşete yavaş yavaş alışmak zorundaydık.

Sonunda istasyona girdik. İlk sessizlik, yüksek sesle verilen komutlar tarafından dağıtıldı. Bundan sonra bu kaba ve yüksek sesleri tüm kampta tekrar tekrar duyacaktık. Sesler bir kurbanın son çığlığına benziyordu ancak bir fark vardı: Sanki tekrar tekrar katledilen ancak yine de bağırmak zorunda bırakılan bir adamın gırtlağından çıkıyormuşçasına ürkütücü bir boğukluktaydı. Vagonun kapıları ardına kadar açıldı ve küçük bir tutsaklar grubu içeri doluştu. Çizgili üniformalar giymişlerdi ve kafaları tıraşlıydı ancak iyi beslenmiş görünüyorlardı. Tüm Avrupa dillerini, o koşullar altında garip görünen bir mizah tonunda konuşuyorlardı. Denize düşenin yılana sarılması gibi benim doğuştan gelen iyimserliğim (ki bu iyimserlik en çaresiz durumlarda bile duygularımı yönetmiştir) şu düşünceye tutundu: Bu tutsaklar epey iyi görünüyor, moralleri iyi ve hatta gülüyorlar. Kimbilir? Belki ben de bu duruma gelebilirdim.

Psikiyatride "af yanılsaması" adı verilen bir durum vardır. İdama mahkum edilmiş bir insan infazından kısa bir süre önce bile son dakikada affedilebileceği yanılsamasına kapılır. Biz de umut kırıntılarına tutunmuş ve son dakikaya dek o kadar da kötü şeyler olmayacağına inanmıştık. Bu tutsakların al yanaklarının ve tombul yüzlerinin görüntüsü bize büyük bir cesaret vermişti. O zamanlar, istasyona her gün nakledilenleri karşılamakla görevli olan bu ayrıcalıklı seçilmişlerle ilgili pek bir şey bilmiyorduk. Bunlar yeni gelenlerden ve onların kıymetli eşya ve kaçak mücevher dahil tüm eşyalarından sorumlulardı. Auschwitz, savaşın son yıllarında Avrupa'nın tuhaf bir noktası haline gelmiş olmalıydı. Sadece büyük depolarda değil, SS'nin elinde de altın, gümüş, platin ve elmaslardan oluşan özel hazineler biriktiği kesindi.

On beş bin esir, en fazla iki yüz kişi için inşa edilen bir barakaya tıkıştırılmıştı. Üşümüştük ve açtık; uzanmak bir yana, barakada herkesin çömelmesine yetecek kadar yer bile yoktu. Dört gün boyunca verilen tek yiyecek yüz, yüz elli gramlık bir ekmek parçasıydı ancak hangardan sorumlu kıdemli tutsaklardan birinin yeni gelenlerden biriyle platin ve elmastan yapılmış bir kravat iğnesi için pazarlığa tutuştuğunu duydum. Kârın çoğu, eninde sonunda içki karşılığında takas edilecekti. "Keyifli bir akşam" için gereken miktarda içkiyi almak için kaç bin mark saymak gerektiğini hatırlamıyorum ancak uzun süredir içeride olan bu insanların alkole ihtiyacı olduğunu çok iyi hatırlıyorum. Bu koşullar altında kim onları kendilerini uyuşturmaya çalışmakla suçlayabilirdi? Başka bir grup tutsağın içkileri ise neredeyse sınırsız olarak SS tarafından karşılanıyordu: Bunlar gaz odaları ve fırınlarda çalışanlardı, bir gün yeni bir grubun onların yerini alacağını ve zorla yerine getirdikleri cellat rolünü bırakıp kurban durumuna düşeceklerini çok iyi biliyorlardı.

Birlikte yolculuk ettiğimiz herkes, bir gün bunun sona ereceği ve her şeyin yoluna gireceği hayaliyle yaşıyordu. Bize, bagajlarımızı bırakıp SS subayının önünden geçmek için kadınlar ve erkekler olarak iki sıra oluşturmamız söylendiğinde bunun anlamını kavrayamamıştık. Şaşırtıcı bir şekilde çantamı paltomun içine saklayacak cesareti bulmuştum. Sıramdaki herkes, tek tek subayın önünden geçerken çantamın fark edilmesinin tehlikeli olacağını anladım. En iyi ihtimalle beni yere sererlerdi, bunu daha önceki deneyimlerimden biliyordum. Subaya yaklaşırken ağır yükümü fark etmemesi için içgüdüsel olarak dik yürüdüm. Derken, onunla yüz yüze geldim. Tertemiz üniformasının içinde ince, uzun bir adamdı. Uzun yolculuktan sonra pasaklı ve çökkün hale gelen bizlerle büyük bir tezat içindeydi! Sol elini sağ dirseğinin altına koymuş, tasasız ve rahat bir biçimde duruyordu. Sağ eli havada sakin bir tavırla solu veya sağı gösteriyordu. Bu adamın küçük parmak hareketlerinin arkasında yatan kötücül anlam hakkında hiçbirimizin en ufak bir fikri yoktu. Şimdi sağa, sonra sola ama daha çok da sola işaret ediyordu. Sıra bendeydi. Biri bana sağ tarafın çalışmaya gönderilenler için olduğunu, sol tarafın ise hasta veya çalışamaz durumda görünenlerin özel bir kampa gönderilmek üzere ayrıldığını fısıldadı. Daha sonra sık sık yapacağım gibi işleri oluruna bıraktım. Çantam beni biraz sola çekse de dik yürümeye çalıştım. SS subayı bana tekrar baktı, tereddüt eder gibi oldu ve iki elini omuzlarıma koydu. Kuvvetli görünmeye çalıştım ve omuzlarımı çok yavaş bir biçimde sağa doğru çevirdi, böylece o tarafa ayrılmış oldum.

Parmak oyununun önemi bize akşam açıklandı. Bu ilk seçim, varlığımız veya yokluğumuz üzerine verilen ilk hükümdü. Birlikte nakledildiklerimizin büyük çoğunluğu, yani yüzde 90 kadarı için ölüm fermanı verilmişti. Hüküm, takip eden birkaç saat içinde yerine getirildi. Sola gönderilenler istasyondan doğruca fırınlara götürüldü. Bana, orada çalışan birinin söylediğine göre bu binanın kapılarında birkaç Avrupa dilinde "banyo" yazılıydı. Girişte her esire bir kalıp sabun verildi ve sonra… Neyse ki daha sonra olanları benim açıklamam gerekmiyor. Bu dehşetle ilgili birçok kez yazılıp çizildi.

Biz kurtulanlar yani sevkimizin azınlığı, bu gerçeği akşam öğrendik. Bir süredir orada olan bir tutsağa, meslektaşım ve arkadaşım P.'nin nereye gönderildiğini sordum.

"Sol tarafa mı gönderildi?"

"Evet" diye yanıtladım.

"O halde onu orada görebilirsin" dedi.

"Nerede?"

Bir el, birkaç yüz metre ötede Polonya'nın gri göğüne duman salan bir bacayı gösterdi. Bacadan uğursuz bir duman çıkıyordu.

"Arkadaşın orada, cennete uçuyor."

Cevap buydu ama ben bu hakikati bana basit kelimelerle anlatılana kadar anlamadım fakat her şeyi kısaca anlatıyorum.

Psikolojik bir bakış açısından bakıldığında istasyondaki şafaktan kamptaki ilk geçirdiğimiz geceye kadar uzun, çok uzun bir zaman geçmişti.

Dolu silahlarıyla SS gardiyanlarının bize eşlik ettiği yolculuğumuzda istasyondan çıkarıldık, elektrik verilmiş dikenli telleri geçtik, kampa girdik ve temizleme istasyonuna ulaştırıldık. İlk elemeyi geçenler için bu gerçek bir banyoydu. Af yanılsaması yine devreye girdi. SS'nin adamları neredeyse sevimli görünüyordu. Nedenini kısa sürede anladık. Bileklerimizdeki saatleri görmüşlerdi ve bizi tatlılıkla onları vermeye ikna edebildikleri sürece bize karşı iyiydiler. Zaten üzerimizdeki her şeyi eninde sonunda vermeyecek miydik? Niye saatimizi bu daha sevimli adama vermeyelim ki? Belki bir gün o da bunun karşılığında bir iyilik yapardı.

Dezenfektan odasına açılan, antreye benzeyen bir bölmede bekledik. SS'nin adamları göründü ve üstümüzdeki her şeyi, saatlerimizi ve mücevherlerimizi atmamız için yere battaniyeler serdiler. Aramızda hâlâ yardımcı olmak üzere orada bulunan eski tutukluların şaşkın bakışları arasında alyansını, bir madalyonu veya uğurlu mücevherini vermese olur mu diye soran saf tutsaklar vardı. Her şeye el konulacağını henüz kimse kavramamıştı.

Eski tutsaklardan birinin güvenini kazanmaya çalıştım. Ona çaktırmadan yaklaşarak paltomun iç cebindeki rulo yapılmış kağıtlara işaret ettim ve dedim ki: "Bak bu bilimsel bir kitabın taslakları. Ne diyeceğini biliyorum, hayatımı kurtardığım için şanslıyım ve hayattan başka bir şey beklememeliyim ancak kendime söz geçiremiyorum. Bu taslağı her ne pahasına olursa olsun korumalıyım; tüm hayatım boyunca bunun üzerinde çalıştım. Bunu anlayabiliyor musun?"

Evet, eski tutsak anlamaya başlamıştı. Yüzüne önce acımayla dolu, sonra şaşkın, alaycı ve aşağılayıcı bir gülümseme yayıldı ve soruma cevap olarak tek kelime söyledi. Bu, daha önce kamp sakinlerinin dağarcığında bulunmayan bir kelimeydi: "Siktir!" O anda gerçeği açıkça gördüm ve psikolojik tepkimin ilk evresinde zirvesini yaşadım: Geçmişimin tamamını dışarıda bıraktım.

Aniden solgun, korkulu yüzlerle çaresizce dert anlatmaya çalışan yol arkadaşlarım arasında bir kıpırdanma oldu. Yine kabaca bağırılan emirleri duyduk. Hemen banyonun girişindeki antreye itelendik. Burada hepimizin girmesini bekleyen bir SS'nin çevresinde toplandık. Dedi ki: "Size iki dakika veriyorum ve saat tutacağım. Bu iki dakika içinde tamamen soyunacak ve üzerinizdeki her şeyi olduğunuz yere bırakacaksınız. Ayakkabılarınız, kemer ve askılarınız, kuşağınız dışında yanınıza hiçbir şey almayacaksınız. Saymaya başlıyorum!"

Tutsaklar, büyük bir telaşla giysilerini yırtarcasına çıkarmaya başladılar. Zaman azaldıkça gerilen tutuklulular beceriksizce iç çamaşırlarını, kemerlerini ve ayakkabılarını çıkarmaya çalışıyorlardı. Derken ilk kamçı seslerini duyduk, deri kayışlar çıplak bedenlere inip kalkıyordu.

Ardından tıraş edilmek üzere başka bir odaya itelendik; sadece kafamız tıraş edilmedi, tüm vücudumuzda tek bir tüy bile kalmamıştı. Bunun ardından duşların önünde sıraya sokulduk. Artık birbirimizi zorlukla tanıyorduk ama bazılarının musluklardan gerçek su aktığını söylemesi üzerine rahatlamıştık.

Duş için beklerken çıplaklığımızı tam olarak hissetmiştik: Çıplak bedenlerimiz haricinde hiçbir şeyimiz hatta saçlarımız bile kalmamıştı; sahip olduğumuz tek şey, kelimenin tam anlamıyla çıplak varoluşumuzdu. Eski hayatlarımızla somut bir bağ kurabilecek ne kalmıştı? Benim gözlüklerim ve kemerim vardı; daha sonra onları bir parça ekmekle takas edecektim. Kuşağı olanları ise biraz daha heyecan bekliyordu.

Akşam bizi karşılayan ve bölmemizden sorumlu olan kıdemli tutsak, kuşağında para ya da değerli taş saklayan herkesi "tavanın şurasına" asacağına şerefi üzerine yemin etmişti. Kampın kıdemli bir sakini olarak yasaların ona bu yetkiyi verdiğini gururla açıklamıştı.

Ayakkabılarımız söz konusu olduğunda da işler karışıktı. Kalabilecekleri söylenmesine rağmen iyi birer çift ayakkabısı olanlar, sonunda onları da vermek zorunda kalmış ve karşılığında ayaklarına uymayan ayakkabılar almışlardı. Kıdemli tutsakların antrede verdiği görünürde iyi niyetli öğütlerine uyarak çizmelerinin konçlarını keserek, bunu saklamak için kesik kenarlara sabun sürenlerin başı ise gerçekten beladaydı. SS'nin adamları sanki bunu bekliyorlardı. Bu suçtan şüpheli olan herkes yandaki küçük odaya alındı. Bir süre sonra işkence gören adamların çığlıklarını ve kamçı seslerini duyduk. Bu sefer epey uzun sürdü.

Böylece bazılarımızın hâlâ sahip olduğu yanılsamalar bir bir yok oldu ve ardından hiç beklenmedik bir şekilde, birçoğumuzu keskin bir mizah duygusu sardı. İnanılmaz bir şekilde çırılçıplak olan yaşamlarımız haricinde kaybedecek hiçbir şeyimiz olmadığını biliyorduk. Duşlardan su akmaya başladığında kendimiz ve birbirimizle ilgili şakalar yapmaya çalıştık. Sonuçta musluklardan gerçekten su akmıştı! Bu garip mizah duygusunun dışında bizi avucuna alan bir duygu daha vardı: Merak.

Bazı garip koşullara yönelik temel bir duygu olan bu tür merakı daha önce de duymuştum. Bir tırmanış kazasında hayatım tehlikeye girdiğinde, o kritik anda tek bir şey hissetmiştim: Merak; bu durumdan sağlam mı yoksa kırılmış bir kafatası veya başka hasarlarla mı çıkacağıma yönelik bir merak...

Soğuk merak, Auschwitz'te bile beni ele geçirdi; bir şekilde zihnimi etrafındakilerden koparıyor ve bir tür nesnelliğe yol açıyordu. Bu durumlarda kişi bu zihin durumunu bir tür korunma aracı olarak kullanıyordu. Sonra ne olacağını ve örneğin açık havada, sonbahar sonunun ayazında, tamamen çıplak, duştan çıktığımız için ıslak durmamızın neye yola açacağını düşünerek kaygılanıyorduk. Sonraki günlerde merak şaşkınlığa dönüştü; üşütmediğimiz için şaşkındık.

Yeni gelenleri de benzer birçok şaşkınlık bekliyordu. Aramızdaki sağlıkçılar ilk olarak şunu öğrendiler: "Ders kitapları yalan söyler!" Bir yerlerde insanın belli bir saatin üzerinde uykusuz kalamayacağı yazıyordu. Tamamen yanlıştı! Yapamadığım bazı şeyler olduğunu zannediyordum: Şu olmadan uyuyamam veya bu olmadan yaşayamam gibi. Auschwitz'teki ilk gecemizde tuğlaların üzerine yapılmış yataklarda uyuduk. İki buçuk metreye bir buçuk metre kadar olan her bir yatakta dokuz kişi uyuduk. Dokuz kişi, iki battaniyeyi paylaştık. Elbette sadece birbirimize yapışmış olarak yan yatabiliyorduk ama çok soğuk olduğu için bunun da bir avantajı vardı. Ayakkabılarımızı yatağa sokmamız yasak olmasına rağmen bazıları yastık olarak kullanmak için çamura batmış ayakkabılarını yatağa aldılar. Öbür türlü kafamızı sabit durmayan bir kancaya dayamak gerekiyordu. Yine de uykumuz geldi ve uyku bize birkaç saatliğine acıdan kaçış ve unutuş getirdi.

İnsanın dayanma gücü üzerine benzer birkaç sürprizi de paylaşmak istiyorum: Dişlerimizi temizleyemiyorduk ve hem buna hem de ağır vitamin yetmezliğine karşın dişetlerimiz eskisinden daha sağlıklıydı. Yılın yarısı boyunca aynı gömleği artık gömlek görünümünü yitirene kadar giyiyorduk. Su boruları donduğu için günlerce ellerimizi bile yıkayamadığımız oluyordu ve yine de ellerimizdeki yara bereler çalışırken toprakla kaplanmasına rağmen iltihaplanmıyordu (tabii soğuk yanığı olmadığı sürece). Örneğin, yan odada çıt dense uyanan hafif uykulu biri kulağının birkaç santim ötesinde gürültülü bir şekilde horlayan birine yapışmış olarak uyuyabiliyordu.

Biri bize Dostoyevski'nin insanı hemen her şeye alışabilen bir varlık olarak tanımlamasının anlamını sorsaydı derdik ki: "Evet, insan neredeyse her şeye alışır ama bunun nasıl olduğunu bize sormayın." Ne psikolojik incelemelerimiz ne de biz tutsaklar henüz o kadar ileri gitmemiştik. Psikolojik tepkilerimizin hâlâ ilk evresindeydik.

İntihar fikri, sadece bir an için bile olsa neredeyse herkese uğramıştı. Bu, durumun çaresizliğinden, ölüm tehdidinin gece gündüz sürekli ensemizde olmasından ve birçoklarının ölüme çok yakın olmasından kaynaklanıyordu. Daha sonra açıklayacağım kişisel nedenlerden ötürü kamptaki ilk akşamımda kendime "tele koşmayacağıma" yönelik kesin bir söz verdim. Bu, kampta en yaygın intihar yöntemini tanımlamak için kullanılan bir ifadeydi: Elektrik verilen tellere dokunmak. Benim için bu kararı vermek çok zor değildi. Ortalama bir tutsağın yaşam beklentisi, nesnel olarak hesaplanıp tüm ihtimaller hesaba katıldığında çok yüksek olmadığı için intihar etmenin çok da anlamı yoktu. Kimse tüm elemelerden geçmeyi başarabilen küçük yüzdenin içinde olabileceğinden emin olamazdı. Auschwitz'teki bir tutsak ilk şok halinde ölümden korkmazdı. Gaz odaları bile ilk birkaç günden sonra dehşetlerini yitirirdi. Sonuçta bunlar onu intihardan korurdu.

Daha sonra görüştüğüm arkadaşlarım benim kampa geliş şokuyla büyük depresyona girenlerden biri olmadığımı söylediler. Auschwitz'teki ilk gecenin ardından, sabah gerçekleşen şu olayda sadece içtenlikle gülümsedim: "Bloklarımızdan" çıkmamamız yönündeki kesin emirlere rağmen birkaç hafta önce Auschwitz'e getirilen bir meslektaşım bizim barakamıza kaçak olarak geldi. Bizi sakinleştirmek, rahatlatmak ve birkaç şey söylemek istiyordu. O kadar zayıflamıştı ki ilk başta onu tanıyamadık. Gamsız bir tavır ve tatlı bir mizahla bize alelacele birkaç tavsiye verdi: "Korkmayın! Elemelerden korkmayın! Dr. M., (SS'in sağlık şefi) doktorlara karşı daha merhametli." (Bu yanlıştı, arkadaşımın kibar sözleri yanıltıcıydı. Baraka bloklarının doktorluğunu yapan altmış yaşlarında bir tutsak, gaz odasına gönderilen oğlu için Dr. M.'ye yalvardığını bana anlatmıştı. Dr. M., soğuk bir şekilde reddetmişti.)

"Ama size bir şey için yalvarıyorum" diye devam etti: "Her gün tıraş olun, bunu bir cam parçasıyla yapmanız gerekse bile yapın, bunun için son ekmeğinizi vermeniz gerekse bile... Daha genç görüneceksiniz ve cildinizdeki tahriş, yanaklarınızı daha kanlı canlı gösterecek. Hayatta kalmak istiyorsanız tek bir yol var: Çalışacak kadar sağlam görünün. Topallıyorsanız bile, mesela topuğunuzda küçük bir yara varsa ve bir SS bunu fark ederse sizi kenara ayıracak ve sonraki gün gaz odasına gönderileceksiniz. 'Müslüman' derken neyi kastettiğimizi biliyor musunuz? Sefil, çökmüş, hasta ve bitkin görünen ve yoğun fiziksel çaba gerektiren işleri artık yapamayacak olanlar... 'Müslüman' budur. Erken ya da geç, genellikle de erken, her 'Müslüman' gaz odalarına gider. Bu yüzden de tıraş olun, dik durun ve dik yürüyün; o zaman gazdan korkmanıza gerek kalmaz. Burada duran herkesin geleli sadece yirmi dört saat olmasına rağmen korkmasına gerek yok, belki sadece sen hariç." Gösterdiği bendim ve dedi ki: "Umarım açık konuşmamdan rahatsız olmazsın." Diğerlerine döndü ve tekrarladı: "Aranızdan bir sonraki elemeden korkması gereken kişi o. Bu yüzden de endişelenmeyin!"

Ben gülümsedim. O gün orada benim yerimde kim olsa aynısını yapardı, bundan eminim.

Sanırım "Mantığını kaybetmene yol açan şeyler vardır ya da kaybedecek bir mantığın yoktur" diyen Lessing'di. Anormal duruma anormal bir tepki normal davranıştır. Hatta biz psikiyatrlar, insanların hastaneye kapatılmak gibi anormal durumlara yönelik tepkilerinin anormalliğini normalliğinin ölçütleri olarak değerlendiririz. Toplama kamplarına gönderilen bir insanın tepkisi de zihnin anormal bir durumunu yansıtır ancak nesnel olarak değerlendirildiğinde verili koşullara karşı normal ve daha sonra göreceğimiz gibi tipik bir yanıttır. Tanımladığım bu yanıtlar birkaç gün içinde değişmeye başladı. Tutsaklar ilk evreden ikinciye, yani bir tür duygusal ölümün sonucu olarak edinilen göreli tepkisizlik durumuna geçtiler.

Halihazırda tarif edilen tepkilerin dışında, yeni gelen bir tutsak, her birini susturmaya çalıştığı başka birçok acı verici duygunun saldırısına karşı koymaya çalışır. İlk olarak evine ve ailesine duyduğu yakıcı özlem vardır. Bu o kadar şiddetli olabilir ki tutsak kendini özlemden dolayı tükenmiş hissedebilir. Sonra tiksinti vardır; kendisini çevreleyen çirkinliğe yönelik tiksinti.

Birçok tutsağa kıyafet olarak kargaların yanlarında zarif kalacağı paçavralar verilir. Kamptaki barakaların arası saf pislikle doludur, temizlemeye çalışsanız da temas etmeniz gerekir. Yeni gelenleri lağım ve çöp temizliğiyle görevlendirmek yaygın bir uygulamaydı. Çoğunlukla olduğu gibi, temizlik sırasında yüzüne lağım sıçrayan bir tutsağın yüzündeki tiksinti ifadesi veya pisliği silme çabası Kapolar tarafından cezalandırılırdı. Yani istenen, normal tepkilerin ortadan kalkmasıydı.

İlk başlarda başka bir grubun ceza nümayişlerine tanık olan bir tutsak kafasını çevirirdi; arkadaşlarını saatlerce çamurda düdüklerle yürütülürken görmeye dayanamazdı. Günler veya haftalar içinde ise işler değişirdi. Sabahın erken saatlerinde hava hâlâ karanlıkken tutsak, kapının önünde umursamaz bir şekilde yürümeye hazır beklerdi. Bir çığlık duyar ve bir yoldaşının yere serilmesini, tekrar ayağa kaldırılmasını ve yine düşürülmesini izlerdi. Peki neden? Ateşi vardı ve uygun olmayan bir zamanda revire gitmek istemişti. İşten kurtulmak için gösterdiği bu uygunsuz çaba için cezalandırılıyordu.

Psikolojik tepkisinin ikinci evresinde olan bir tutsak ise artık gözlerini kaçırmazdı çünkü hisleri körelmişti ve kımıldamadan izlerdi. Başka bir örnek: Kendini revirde yaraları, belki de ödem veya ateşi yüzünden en azından iki gün hafif iş yaptırılmayı umarken bulmuştu. Ayakkabı verilmediği için çıplak ayakla üstünde saatlerce nöbette bekletilen on iki yaşında bir çocuk içeri taşındığında da kımıldamadan dururdu. Ayak parmakları donmuştu ve görevdeki doktor siyah kangrenli parçaları bir bir kesmek için eline kerpeteni almıştı. Tiksinti, dehşet ve acıma artık bu seyircinin hissedemediği şeylerdi. Acı çekenler, ölenler ve ölüler, kampın ilk birkaç haftasından sonra ona o kadar olağan görünmeye başlamıştı ki artık etkilenmiyordu. Ateşi çok yükselmiş, çoğu kendinden geçmiş ve birçoğu ölmek üzere olan tifüs hastalarının barakasında kalmıştım. Aralarından biri öldükten hemen sonra her ölümden sonra tekrarlanan o sahneyi hiçbir duygusal kırgınlık hissetmeden izledim. Tutsaklar tek tek hâlâ sıcak olan cesede yaklaşıyorlardı. Biri yenmemiş patates yemeğini alıyor, diğeri cesedin tahta ayakkabılarının kendi sahip olduklarından daha iyi olduğunu görüyor ve onları kendininkilerle değiştiriyordu. Üçüncü bir adam aynısını ölü adamın paltosuna yapıyor ve başka biri de gerçek bir parça sicime (düşünün!) kavuştuğu için memnun oluyordu.

Bunları hiçbir şaşkınlık duymadan izledim. Sonunda 'hemşireden' cesedi götürmesini istedim. Hemşire bunu yaparken cesedi bacaklarından çekti ve elli tifüs hastası için yatak görevi gören iki sıra tahtanın arasındaki koridora indirerek girintili çıkıntılı toprak tabandan kapıya doğru sürükledi. Açık havaya çıkan iki merdiven bizim için her zaman sorundu çünkü kronik besin eksikliği yüzünden her daim bitkindik. Kampta birkaç ay geçirdikten sonra her biri yirmi santim yüksekliğinde olan bu merdivenleri kapı tokmağına tutunmadan çıkamaz olmuştuk.

Cesedi taşıyan adam merdivenlere yaklaştı. Kendini zorlukla yukarı çekti. Ardından ceset, önce ayaklar, sonra gövde ve en sonunda da cesedin kafası tekinsiz bir tıkırtı çıkartarak iki merdivenden çıkarıldı.

Ben barakanın öbür ucunda, yerin hemen üzerinden açılmış küçük pencerenin yanında duruyordum. Soğuk ellerimle tuttuğum bir kase çorbayı oburca içiyordum. Pencereden dışarı bakmış bulundum. Henüz götürülen ceset bana donuk gözlerle bakıyordu. İki saat önce o adamla konuşmuştum. Şimdi de çorbamı içmeye devam ediyordum.

Uzmanlık alanımdan baktığımda bu duygu eksikliği beni şaşırtmamıştı. Aslında çok az duygu söz konusu olduğu için bu olayı şimdi hatırlamazdım.

Umarsızlık (apati), yani duyguların körleşmesi ve kişinin artık hiçbir şey umurunda değilmiş gibi hissetmesi tutsağın psikolojik tepkilerinin ikinci evresinde ortaya çıkan bir belirtiydi ve onu günlük ve saatlik dayaklara karşı duyarsızlaştırıyordu. Bu duyarsızlık sayesinde tutsak kendine çok faydalı bir muhafaza kabuğu örebiliyordu.

Dayaklar ufacık bir kışkırtmayla ya da bazen de herhangi bir neden olmaksızın başlayabiliyordu. Örneğin ekmek çalışma alanında dağıtılıyordu ve almak için sıraya girmek zorundaydık. Bir keresinde arkamdaki adam, birazcık yana doğru kaydı ve simetrinin bozulması SS gardiyanını rahatsız etti. Arkamda ya da SS gardiyanının kafasında ne olup bittiğini bilmiyordum fakat aniden kafama iki sert darbe aldım ancak ondan sonra sopasıyla hemen yanımda duran gardiyanı fark ettim. Böyle bir durumda en çok acıtan fiziksel acıdan ziyade (bu yetişkinler kadar, dayakla cezalandırılan çocuklar için de böyledir) bu adaletsizlikten kaynaklanan zihinsel acıydı.

Garip bir şekilde böyle durumlarda iz bırakmayan bir darbe, başka bir durumda iz bırakan bir darbeden daha çok acıtabilir. Bir gün kar fırtınasında, tren yolunda çalışıyordum. Havaya rağmen çalışmak zorundaydık. Yolu mıcırla doldurmak için çok uğraşıyordum çünkü ısınmanın tek yolu buydu. Sadece bir anlığına nefes almak için küreğime yaslanıp durdum. Ne yazık ki gardiyan o sırada bana bakmış ve kaytardığımı zannetmişti. Bana verdiği acı, hakaretlerden veya darbelerden kaynaklanmadı. Gardiyan, karşısında duran ve belli belirsiz bir insan biçiminde olan sefil varlığın, bir şey söyleme hatta küfür etme zahmetine bile değmeyeceğini düşünmüştü. Bunun yerine bir taş alıp bana attı. Bu bana, bir canavarın veya bir evcil hayvanın yani seninle ceza veremeyeceğin kadar az ortak noktası olan bir yaratığın dikkatini çekerek işe devam etmesini sağlamak için yapılacak bir şey gibi göründü.

Dayakların en acı verici yanı içinde barındırdığı hakarettir. Bir seferinde, buz tutmuş yolların üzerinde uzun ve ağır kirişler taşıyorduk. Biri kayarsa sadece kendini değil, aynı kirişi taşıyan herkesi tehlikeye atmış oluyordu. Eski bir arkadaşımda doğuştan gelen kalça çıkığı vardı. Buna rağmen çalışabiliyor olmaktan memnundu çünkü fiziksel engelliler, yapılan elemede doğrudan ölüme gönderilmişlerdi. Çok ağır bir kirişin altında topallıyor ve düşüp diğerlerini de kendisiyle birlikte sürükleyecek gibi görünüyordu. Benim elimde bir şey yoktu, bu yüzden durup düşünmeden yardımına koştum. Anında sırtıma bir yumruk yedim ve kabaca yerime dönmem emredildi. Bundan birkaç dakika önce bana vuran aynı gardiyan, biz 'domuzların' yoldaşlık ruhundan yoksun olduğunu söylüyordu.

Başka bir gün ormanda hava eksi on yedi dereceyken, su boruları döşemek için donmuş toprağın yüzeyini kazmaya başladık. O sıralarda artık fiziksel olarak zayıf düşmüştüm. Tombul, al yanaklı bir ustabaşı bizimle gelmişti. Suratı bana domuz kellelerini hatırlatıyordu. O acı soğukta, çok güzel sıcacık eldivenler giydiğini fark ettim. Bir süre sessizce beni izledi. Belanın yaklaştığını hissediyordum çünkü önümde tam olarak ne kadar kazdığımı anlayabileceği toprak yığını duruyordu.

Başladı: "Seni domuz, kaç zamandır seni izliyorum! Sana çalışmayı öğretirdim ama toprağı dişlerinle kazana kadar bekle. Bir hayvan gibi öleceksin! İki gün içinde seni bitireceğim! Hayatın boyunca hiçbir iş yapmadın, değil mi? Neydin sen Tanrı'nın belası? İş adamı mıydın?"

Umursamaktan vazgeçmiştim ama yine de beni yavaşça öldüreceği tehdidini ciddiye almalıydım; bu yüzden doğruldum ve doğrudan gözlerine bakarak konuştum.

"Doktordum, uzman doktor."

"Ne? Doktor mu? Eminim insanların bir sürü parasını almışsındır."

"Aslında çoğu zaman yoksullara hizmet eden kliniklerde hiç para almadan çalıştım." Şimdi de fazla konuşmuştum. Üstüme atladı ve beni yere serdi. Deli gibi bağırıyordu. Ne dediğini artık hatırlamıyorum.

Bu görünürde önemsiz olan öyküyle, onursuzlaştırmanın nasırlaşmış görünen bir tutsağın sinirlerine dokunabileceğini anlatmaya çalıştım. Vahşet veya acıyla değil, onunla bağlantılı olan hakaretle ilişkili olan onursuzlaştırma... O sefer kan beynime sıçradı çünkü en ufak bir fikri olmayan bir adamın hayatımı yargılamasını dinlemek zorunda kalmıştım. (İtiraf etmeliyim ki arkadaşlarıma bu sahneden sonra söylediğim şu sözler bana çocukça bir rahatlama sağlamıştı: "Benim çalıştığım hastanenin kabul hemşiresi, bu adamı bekleme odasına bile almazdı.")

Neyse ki benim grubumdaki Kapo bana iyi davranırdı: İş alanımıza kadar olan uzun yürüyüşte kustuğu aşk hikayelerini ve evlilikle ilgili sorunlarını dinlediğim için beni sevmeye başlamıştı. Onu, karakterini teşhis ederek ve psikoterapötik tavsiyeler vererek etkilemiştim. Bundan sonra bana minnettar kaldı ve bu her zaman işime yaradı. Bazı durumlarda iki yüz seksen kişiden oluşan grubumuzun ön beş sırasından birinde kendi yanında bana yer ayırırdı. Bu iyilik önemliydi. Hava henüz aydınlanmamışken sıraya giriyorduk. Herkes gecikmekten ve arka sıralara kalmaktan korkuyordu. Nahoş ve sevilmeyen işler için adam gerekiyorsa, kıdemli Kapolar genellikle en arka sıralardaki adamları çağırırlardı. Bu adamlar, garip gardiyanların komutasında özellikle korkulan türden işleri yapmak üzere başka bir yere götürülürlerdi.

Bazen kıdemli Kapolar, kurnazlık yapmaya çalışanları tuzağa düşürmek için ilk sıralarda duranlar arasından seçim yapıyorlardı. Tüm itirazlar ve bağırış çağırışlar hedefini bulan birkaç tekmeyle susturuluyor ve seçilen kurbanlar düdük ve bağırışlar arasında buluşma yerine yönlendiriliyordu. Benim

Kapo'm ise kalbini açma ihtiyacını sürdürdüğü sürece bu benim başıma gelmeyecekti. Onun yanında, onur konumunu garantilemiştim. Ayrıca bunun başka bir avantajı daha vardı. Tüm kamp sakinleri gibi ben de ödemden mustariptim. Bacaklarım öylesine şişmiş ve derileri o kadar gerilmişti ki dizlerimi zorlukla kırıyordum. Şişmiş ayaklarımın ayakkabılarıma sığması için bağcıklarımı açık bırakıyordum. Çorabım olsaydı bile giyemezdim. Bu yüzden de kısmen çıplak olan ayaklarım ıslak, ayakkabılarım ise hep karla doluydu. Bu da elbette soğuk yanığına ve şişliklerine neden oluyordu. Her bir adım işkenceye dönüşmüştü. Karla kaplı arazilerdeki yürüyüşlerimizde ayakkabılarımızın üzeri buz tutuyordu. Sık sık birileri kayıyor ve onları takip edenler de ardı ardına devriliyordu. Bu durumda sıra bir an duruyordu ancak bu uzun sürmüyordu. Gardiyanlardan biri anında harekete geçiyor ve hemen kalkmaları için silahının dipçiğiyle adamlara vuruyordu. Sıranın ne kadar önündeyseniz o kadar sık durabiliyor ve ağrılı ayaklarınızı dinlendirebiliyordunuz. Ben onun kişisel hekimi olarak atanmaktan ve ilk sıralarda güzel bir tempoyla yürümekten çok memnundum.

Hizmetlerimin karşılığında ek bir ödeme olarak iş alanında öğle saatinde çorba dağıtıldığı zaman, sıra bana geldiğinde Kapo'nun kepçeyi kazanın dibine daldırarak birkaç bezelye tanesi bulacağını biliyordum. Eski bir ordu mensubu olan bu Kapo, tartıştığım ustabaşına benim olağanüstü çalışkan bir işçi olduğumu fısıldama cesaretini bile göstermişti. Bu bir işe yaramasa da (kurtarılması gereken pek çok seferden birinde) bir şekilde hayatımı kurtarmayı başardı. Ustabaşıyla yaşadığım olayın ertesi gününde beni başka bir vardiya grubuna aldırmıştı.

En azından inşaat alanında halimize üzülen ve durumumuzu kolaylaştırmak için elinden geleni yapan ustabaşılar da vardı ama onlar bile bize, sıradan bir işçinin daha kısa süre içinde daha fazla iş yaptığını hatırlatıp dururlardı. Yine de onlara normal bir işçinin günde üç yüz elli gram ekmek (kağıt üzerinde böyleydi ama genellikle daha azı verilirdi) ve birkaç kaşık çorbayla yaşamak zorunda olmadığını ve normal bir işçinin bizim gibi başka bir kampa ya da doğrudan gaz odalarına gönderilmiş ailelerimizden haber alamadığımız için yaşadığımız zihinsel stresi yaşamadığını; normal bir işçinin sürekli olarak, her saat ve her gün ölümle tehdit edilmediğini anlattığımız zaman anlıyorlardı. Hatta bir keresinde nazik bir ustabaşına "Benim senden bu yol işini öğrendiğim kadar kısa süre içinde sen benden beyin ameliyatı yapmayı öğrenebilseydin sana çok büyük saygı duyardım" deme cüretinde bulunmuştum. O da gülümsemişti.

İkinci evrenin temel belirtisi olan umarsızlık, kendini korumak için gerekli bir mekanizmaydı. Gerçeklik belirsizleşmiş, tüm çabalar ve tüm duygular tek bir şeye odaklanmıştı: Kişinin kendisinin ve arkadaşlarının hayatını koruması. Akşam iş alanlarından kampa dönen tutsakların derin bir nefes alarak "İşte bir gün daha bitti" demeleri tipik bir olaydı.

Bu tür bir çaba, hayatta kalma görevine odaklanma zorunluluğu ile birleşince, tutsağın iç yaşantısını ilkel bir düzeye indirgiyordu. Kamptaki meslektaşlarımdan psikanaliz eğitimi alanların bazıları, kamp sakinlerinde görülen "regresyondan" yani zihinsel etkinliğin daha ilkel bir düzeye gerilemesinden sıklıkla bahsediyordu. Arzular ve istekler rüyalarında beliriyordu.

Tutsaklar rüyalarında ne görüyordu? Ekmek, pasta, sigara ve güzel, sıcak bir banyo. Bu basit isteklere sahip olamamak, tutsakları bunları rüyalarında tatmin etmeye yöneltiyordu. Bu rüyaların işe yarayıp yaramadığı konusu bir yana, rüyayı gören, kamp yaşamının gerçekliğine ve bu gerçeklik ile rüyaları arasındaki korkunç zıtlığa uyanıyordu.

Korkunç bir kabus gördüğü bariz olan ve yatağında çırpınıp duran bir arkadaşımın iniltilerine uyandığım geceyi hiç unutmam. Kabus ve bilinç yoksunluğu nöbetlerinden mustarip olan insanlara her zaman üzüldüğüm için zavallı adamı uyandırmak istedim. Ansızın yapmak üzere olduğum şeyden korkup, adamı uyandırmak üzere uzattığım elimi geri çektim. O sırada, hiçbir rüyanın, ne kadar korkunç olursa olsun kampın bizi çevreleyen gerçekliğinden daha dehşet verici olamayacağını anlamıştım ve ona bunu hatırlatmak istemedim.

Tutsaklar, şiddetli besin eksikliğinden mustarip oldukları için zihinsel yaşamın, yemeye yönelik isteklerin çevresinde şekillenmesi doğaldı. Haydi, tutukluların yan yana çalıştığı ve göz hapsinde bulundurulmadığı durumlarda genellikle ne konuştuklarına bakalım. Hemen yemekler hakkında tartışmaya başlarlardı. Çukurda çalışan bir adam, yanındakine en sevdiği yemeklerin neler olduğunu sorardı. Sonra birbirlerine tarifler vermeye başlar ve uzak bir gelecekte serbest bırakılıp evlerine döndükleri zaman yeniden buluşup neler yiyeceklerini planlarlardı. Bu böyle devam eder, genellikle bir parola ya da sayı biçiminde verilen ikaz uyarısına kadar tüm olayı resmederlerdi: "Gardiyan geliyor!"

Ben yemek ile ilgili tartışmaları her zaman tehlikeli bulmuşumdur. Aşırı küçük miktarlara ve düşük kalorilere bir şekilde alışmış olan organizmayı, lezzetlerin bu kadar ayrıntılı ve etkileyici resimleriyle kışkırtmak doğru muydu? O an için bir psikolojik rahatlama sağlamasına rağmen fizyolojik olarak kesinlikle tehlikesiz bir şey değildi.

Tutsaklığımızın daha sonraki dönemlerinde günlük öğünümüz günde bir kez verilen çok sulu bir çorba ve her zamanki küçük ekmekten ibaretti. Buna ek olarak her gün farklı olmak üzere yaklaşık yirmi gram margarin, kötü kalitede bir dilim sosis, küçük bir parça peynir, birkaç damla sentetik bal, bir kaşık dolusu sulu reçelden oluşan sözde "ikram" vardı. Bu beslenme biçimi özellikle de ağır kol işçiliğimiz ve yetersiz giysilerle maruz kaldığımız soğuk düşünüldüğünde, kalori olarak kesinlikle yetersizdi. "Özel bakım altında" olan hastalar, yani kamptan ayrılıp işe gitmek yerine barakada yatmasına izin verilenler daha kötü durumdalardı.

Derilerimizin altındaki son yağ tabakaları da eridiğinde, deri ve paçavraların altına saklanmış iskeletlere benzedik. Bedenlerimizin kendi kendini nasıl tükettiğini gözlemleyebiliyorduk. Organizma kendi proteinini sindiriyor ve kaslar yok oluyordu. Artık bedenin hiçbir direnci kalmamıştı. Barakamızdaki küçük topluluğumuzun üyeleri bir bir ölmeye başladı. Her birimiz, sıranın kimde olduğunu ve ne kadar ömrümüzün kaldığını az çok doğruluk payıyla hesaplayabiliyorduk. Birçok gözlemden sonra belirtileri çok iyi tanıyorduk ve bu da süreci iyi tahmin etmemize yol açıyordu. "Bu çok dayanmaz" veya "Sırada bu var" diye birbirimize fısıldıyor ve günlük bit kontrolü sırasında kendi çıplak bedenlerimizi her akşam görüp şöyle düşünüyorduk: Benim bu bedenim şu anda bir ceset gibi. Bana ne oldu? İnsan etinden oluşan şu büyük kitlenin, dikenli teller ardında birkaç kerpiç barakaya tıkılmış ve artık cansız olduğu için her geçen gün bir parçası çürüyen şu kitlenin küçük bir parçasından başka bir şey değilim.

Yukarıda, bir an boş vakti olan tutsağın zihninde kendine yer açan, yemek ve en sevilen yiyecekler ile ilgili düşüncelerin ne kadar kaçınılmaz olduğunu anlatmıştım. Belki de en kuvvetlilerimizin bile, güzel yemeklerin kendisine değil ama bizi yemekten başka bir şey düşünemez kılan o insanlıkdışı varoluşun sona ermesine yönelik duyduğu özlem nedeniyledir.

Benzer deneyimler yaşamamış birisi açlıktan ölmek üzere olan bir insanın yaşadığı ruhu çökerten zihinsel çatışma ve iradenin ezilişini çok zor anlayabilir. Hendek kazarken sadece ekmeğin (hâlâ kaldıysa) dağıtıldığı 9.30-10.00 saatlerindeki öğle yemeği arasını duyuran sireni beklemenin veya huysuz biri değilse sürekli ustabaşına saati sormanın; sonra paltonun cebindeki ekmeği okşamanın, ilk olarak ona donmuş parmaklarla dokunmanın ve ilk parçayı koparıp ağzına atmanın, son olarak da kendine akşama kadar yetineceği sözünü vererek tekrar cebine koymasının ne demek olduğunu kavrayamaz.

Esaretimizin sonraki dönemlerinde günde sadece bir kez dağıtılan küçük ekmek parçalarıyla başa çıkmanın anlamlılığı veya anlamsızlığı üzerine sonu gelmeyen tartışmalara girebilirdik. İki düşünce ekolü vardı: Biri ekmeği bir an önce yiyip bitirmekten yanaydı. Bunun açlık sancılarını çok kısa bir süre için de olsa günde en azından bir kere durdurabilmesi ve ekmeğin çalınması veya kaybolması olasılığını bertaraf etmesi gibi iki avantajı vardı. Ekmeği bölmekten yana olan ikinci grup ise farklı argümanlar öne sürüyordu. Ben de en sonunda onlara katıldım.

Kampta geçen yirmi dört saatin en berbat anları, henüz geceyken keskin düdük seslerinin bizi yorgun uykularımız ve rüyalarımızda kavuştuğumuz özlemlerimizden acımasızca uyandırdığı dakikalardı. Bundan sonra ıslak ayakkabılarımıza ödemden şişmiş ayaklarımızı sığdırmak için uğraşmaya başlardık. Bağcıklar yerine kullanılan tellerin zorluğu gibi küçük sorunlar üzerine homurtular ve mızırdanmalar duyulurdu. Bir sabah çok cesur ve onurlu olduğunu bildiğim birinin çocuk gibi ağladığını duydum çünkü ayakkabıları artık çok çektiği için ayaklarına olmamıştı ve kara çıplak ayakla gidecekti. Bu kasvetli anlarda biraz rahatlamak için cebimden çıkardığım bir ekmek kırıntısını büyük bir keyifle yerdim.

Yetersiz beslenme, sürekli olarak yemek fikriyle meşgul olmanın yanı sıra büyük ihtimalle cinsel dürtülerin kaybolmasının da nedeniydi. Şokun ilk etkilerinin yanı sıra sadece erkeklerden oluşan tüm kamplarda, bir psikoloğun muhakkak gözlemleyeceği olgu da böylece açıklanabilir görünmekteydi. Kışlaların aksine toplama kamplarında cinsel sapkınlığa çok az rastlanıyordu. Tutsakların rüyalarında bile, engellenen duyguların daha incelmiş ve yüksek hislerin net ifadelerine rağmen, cinsellikle meşguliyete pek rastlanmıyordu. Tutsakların çoğunda ilkel yaşam ve sadece kendi postunu kurtarmaya odaklanma çabası bu amaca hizmet etmeyen her şeyin dışlanmasına yol açmıştı ve bu durum da tutsakların duygu eksikliğini açıklıyordu. Bu, Auschwitz'ten Dachau'ya bağlı bir kampa götürülüşüm sırasında aklıma geldi. Biz iki bin tutsağı taşıyan tren Viyana'dan geçiyordu. Gece yarısına doğru Viyana'daki tren istasyonlarının birinde aktarma yaptık. Yol bizi benim doğduğum sokağa ve tutsak alınmadan önce ömrümün birçok yılını geçirdiğim eve götürüyordu.

Demirli iki küçük gözetleme deliği olan cezaevi aracının içinde elli kişiydik. Sadece bir grubun çömelebileceği kadar yer vardı; diğerleri saatlerce ayakta durmak zorundaydı. Parmaklarımın ucuna yükselip diğerlerinin kafalarının üstünden demirlerin arasına baktım ve memleketimin görüntüsünü bir an için yakaladım. Sevkiyatın Mauthausen'deki kampa olduğunu zannettiğimiz için sadece bir ya da iki haftalık ömrümüz kaldığını düşünüyorduk, bu yüzden de kendimizi canlı değil ölü gibi hissediyorduk. Çocukluğumun sokaklarını, meydanlarını ve evlerini öbür dünyadan geri dönmüş ve hayalet bir şehri izleyen bir ölünün gözleriyle izledim.

Saatlerce rötardan sonra tren istasyondan ayrıldı ve işte sokak, benim sokağım oradaydı! Birkaç yıldır kamplarda bulunan gençler için bu yolculuk büyük bir olaydı ve heyecanla gözetleme deliğinden dışarıyı izliyorlardı. Sadece bir an için delikten bakmama izin vermeleri için onlara yalvardım. Benim için o pencereden bakmanın ne ifade ettiğini anlatmaya çalıştım. İsteğimi kabaca ve alaycı bir şekilde reddettiler: "Onca yıl orada yaşadın demek? O halde yeterince görmüş olmalısın!"

Genel olarak kampta "kültürel bir ıssızlık" söz konusuydu. Bunun iki istisnası vardı: Siyaset ve din. Kampın neredeyse her yerinde hiç durmaksızın siyaset konuşuluyordu; tartışmalar temel olarak etrafta dikkatsizce yaygınlaştırılan söylentilere dayanıyordu. Askeri durum hakkındaki söylentiler genellikle çelişkiliydi. Birbiri ardına hızla sıralanarak, tutsakların zihnindeki sinir savaşını büyütmekten başka bir şeye hizmet etmiyordu. Çoğunlukla savaşın hızla bitmesine yönelik umutlar, iyimser söylentiler tarafından alevlendirilse de hayal kırıklığıyla sonuçlanıyordu. Bazıları tüm umutlarını yitirmişlerdi ancak en rahatsız edici olanlar iflah olmaz iyimserlerdi.

Tutsakların dinle ilgileri, geliştiği andan itibaren ve gelişebildiği raddeye kadar olabilecek en samimi biçimde oluyordu. Dinsel inancın derinliği ve canlılığı, yeni gelenleri genellikle şaşırtıyor ve etkiliyordu. Bunların arasında en etkileyici olanlar barakanın bir köşesinde veya uzak bir iş alanından getirildiğimiz kamyonda aç, yorgun ve donmuş haldeyken doğaçlanan dua ve ibadetlerdi.

1945'in kış ve baharında neredeyse tüm tutsakları kırıp geçiren bir tifüs salgını olmuştu. Ölüm oranı, çalışmaya devam edebilecekleri sürece çalışan zayıflar arasında çok yüksekti. Hastalar için koğuşlar çok yetersizdi, ayrıca ne ilaç ne de refakatçi vardı. Hastalığın belirtilerinden bazıları çok kötüydü: En ufak bir yiyeceğe karşı iştahsızlık (bu da ek bir ölüm tehdidi oluşturuyordu) ve deliryum. Gördüğüm en kötü nöbet, ölmekte olduğunu düşünen ve dua etmek isteyen bir arkadaşımın başına gelmişti. O deliryum içinde, duanın sözlerini hatırlayamıyordu. Bu deliryumları engellemek için diğer birçokları gibi ben de gecenin çoğunu uyumadan geçirmeye çalıştım. Saatlerce aklımdan konuşmalar yazdım. Sonunda Auschwitz'in dezenfekte odasında, elimden alınan taslağımı yeniden oluşturmaya başladım ve anahtar kelimeleri küçük kağıt parçalarına not ettim.

Bazen kampta bilimsel bir tartışma çıkardı. Bir keresinde aslında mesleki ilgi alanıma girmesine rağmen normal hayatımda bile hiç görmediğim bir şeye tanık oldum: Ruh çağırma seansı. Beni, psikiyatri uzmanı olduğumu bilen kampın başhekimi (kendisi de bir tutsaktı) davet etmişti. Bu toplantı onun hasta koğuşunun içindeki küçük özel odasında gerçekleşti. Oluşturulan küçük çemberde, sıhhiye bölüğünden gizlice katılmış bir subay da vardı.

Biri, bir tür dua ile ruhları çağırmaya başladı. Kampın yazıcısı, boş bir kağıdın önünde herhangi bir yazma niyeti olmaksızın oturuyordu. Ardından geçen on dakika boyunca (on dakika sonra medyumun ruhları çağırmak konusundaki başarısızlığı yüzünden seans sona erdirildi) kalemi gayet okunur bir şekilde kağıda "VAE V" yazmaya başladı. Katibin hiç Latince öğrenmediği ve "vae victis" (Mağlup olan kahrolsun) sözcüklerini daha önce hiç duymadığı söyleniyordu. Bence bu sözleri daha önce duymuş olmalıydı ve hatırlamamasına rağmen o sırada, savaşın sonundan ve bu deyiş bizim serbest bırakılmamızdan birkaç ay önce "ruhunda" (bilinçaltı zihninin ruhunda) erişilebilir durumdaydı.

Toplama kampında, yaşantının tüm fiziksel ve zihinsel ilkelliğine rağmen ruhsal yaşamın derinleşmesi mümkündü. Zengin bir entelektüel yaşama alışmış olan duyarlı kişiler daha fazla etkilenseler de (çoğunlukla daha hassas yapıda olurlar) iç benlikleri daha az hasara uğrar. Kendilerini çevreleyen korkunçluklardan, iç zenginliklerine ve ruhsal özgürlüklerine sığınarak korunabiliyorlardı. Daha kuvvetsiz görünen bazı tutsakların, sağlam yapılı olanlardan daha iyi dayanabilmesine yönelik çelişkiyi açıklamanın tek yolu budur. Daha açıkça ifade etmem gerekirse, kişisel deneyimlerimden bahsetmem gerekir. İş alanına doğru sabahın erken saatlerindeki yürüyüşümüzde olan bir şeyi anlatacağım.

Bağırarak komut veriyorlardı: "Bölük, ileri marş! Sol, iki, üç, dört! Sol, iki, üç, dört! Baştaki, sol, sol, sol, sol! Kep çıkar!" Bu sesler bugün bile kulağımda. "Kep çıkar!" komutu verildiğinde kampın kapısından çıkıyorduk ve tarama ışıkları üzerimize doğrultulmuştu. Asker gibi yürümeyen, sağlam bir tekme yiyordu. Acı soğuk yüzünden izinden önce kepini başına takıp kulaklarına doğru çekenlerin başına daha kötüsü geliyordu.

Karanlıkta, kamptan çıkan yolda kayalıkların ve büyük su birikintilerinin üzerinden düşe kalka ilerliyorduk. Başımızdaki gardiyanlar bağırıyor ve tüfeklerinin dipçikleriyle bizi hizaya sokuyorlardı. Ayakları çok acıyanlar, yanındakilerin koluna giriyorlardı. Arada bir birkaç kelime ediliyordu; dondurucu rüzgar yüzünden kimsenin konuşası yoktu. Ağzını, yukarı kaldırdığı yakasının arkasına saklayan yanımdaki adam "Eşlerimiz şimdi bizi görseydi! Umarım kamplarında çok daha iyilerdir ve bizim ne halde olduğumuzdan haberleri yoktur" dedi.

Bu sözler, karımla ilgili düşüncelere sürüklenmeme neden oldu. Kilometrelerce süren yolda buzlu noktalarda kayarak, sürekli birbirimize tutunarak, düşeni kaldırarak yürürken hiçbir şey konuşmadık ama ikimiz de biliyorduk ki eşlerimizi düşünüyorduk. Arada bir, yıldızların söndüğü ve sabahın pembe ışığının, karanlık bir bulut kümesinin ardından belirmeye başladığı gökyüzüne bakıyordum fakat karım aklımdan çıkmıyor, onu korkutucu bir netlikle hayal edebiliyordum. Onu bana cevap verirken işitiyor, gülümsemesini, açık ve cesaret verici bakışlarını görüyordum. Gerçek ya da değil, bakışları o sırada doğmakta olan güneşten daha parlaktı.

Aklım bir düşünceye takıldı: Hayatımda ilk defa, birçok ozanın söylediği, onca düşünürün nihai bilgelik olarak öne sürdüğü hakikati gördüm. Hakikat şuydu; sevgi, insanın ulaşabileceği en yüksek ve en büyük hedefti. O anda, insan şiirinin, insan düşünce ve inancının ayırt ettiği en büyük sırra haiz oldum: *İnsanın kurtuluşu sevgiyle ve sevgidedir.* Elinde hiçbirşeyi kalmamış bir insanın dahi, kısacık bir an için bile olsa, sevdiğine ilişkin düşüncelerden nasıl mutluluk duyabileceğini anladım. İnsanın, kendini olumlu eylemle ifade edemediği ve tek yapabileceğinin çektiği acılara doğru bir yolla (onurlu bir yol) katlanmak olabileceği mutlak ıssızlık durumundaki birinin, sevdiğine dair içinde taşıdığı imgeye sığınarak tatmin olabileceğini gördüm. Hayatımda ilk defa "Melekler sonsuz bir görkemin ebedi düşüncesinde kayboldu" sözlerinin ne ifade ettiğini anladım.

Önümde biri tökezledi ve onu takip edenler üstüne devrildiler. Gardiyan koşarak geldi ve hepsini kırbaçladı. Böylece, düşüncelerim birkaç dakikalığına bölündü ancak ruhum, tutsak varlığından çıkarak, geçebileceği başka bir dünyanın yolunu bulmuştu ve ben, sevdiğimle konuşmaya geri döndüm: Ben sorular sordum o cevapladı, o sordu ben cevapladım.

"Dur!" İş alanımıza varmıştık. Herkes doğru düzgün bir alet seçebilmek için karanlık barakaya hücum etti. Her tutuklu bir kazma veya kürek alıyordu.

"Biraz hızlı olamaz mısınız sizi domuzlar?" Kısa sürede hendeğin içinde, bir önceki günkü konumlarımızı aldık. Donmuş toprak, kazma vuruşlarıyla çatladı ve kıvılcımlar çıktı. Herkes sessizdi, beyinler uyuşuktu.

Zihnim hâlâ karımın imgesine tutunuyordu. Aklımdan bir şey geçti: Hâlâ hayatta olup olmadığını bile bilmiyordum. Artık çok iyi öğrendiğim tek bir şey biliyordum: Sevgi fiziksel bir varlık olarak, sevilen kişiden çok daha öteye gidiyordu. En derin anlamını tinsel varlıkta, iç benlikte buluyordu. Onun gerçekten var olup olmadığı, yaşayıp yaşamadığı önemini bir ölçüde yitiriyordu.

Karımın hayatta olup olmadığını bilmiyordum ve öğrenmemin hiçbir yolu yoktu (tutsaklık hayatım boyunca mektup almak veya göndermek mümkün olmadı) ancak o sırada bunun bir önemi kalmamıştı. Bilmem gerekmiyordu; hiçbir şey benim sevgimin gücüne, düşüncelerime ve sevdiğimin imgesine dokunamazdı. O sıralarda, karımın öldüğünü bilseydim sanırım bu bilgiden etkilenmeden kendimi yine onun imgesine verirdim ve onunla zihinsel olarak konuşmam da yine o kadar tatmin edici olurdu. "Beni kalbinde bir mühür gibi taşı, sevgi ölüm kadar güçlüdür."

İç yaşantının yoğunlaşması, tutsağın geçmişe kaçmasını sağlayarak boşluk, ıssızlık ve varlığının ruhani yoksunluğundan kurtulabileceği bir sığınak sağlıyordu. Dizginleri serbest bırakıldığında hayal gücü geçmiş yaşantılarla, sadece önemli olanlarla değil ufak tefek olaylar ve oyalayıcı şeylerle meşgul oluyordu. Nostaljik belleği bunları allayıp pulluyor ve tuhaf bir nitelik kazandırıyordu. Dünyaları ve varlıkları çok uzak görünüyor ve tin onlara özlemle uzanıyordu: Zihnimde otobüslere biniyor, evimin ön kapısını açıyor, telefonuma cevap veriyor, ışıkları açıyordum. Düşüncelerimiz sıklıkla bu tür ayrıntılara odaklanıyor ve bu anılar bizi gözyaşlarına sürükleyebiliyordu. Tutsağın iç yaşantısı daha yoğun hale geldikçe sanatı ve doğayı daha önce olmadığı gibi deneyimleyebiliyordu. Bunların etkisi altında kendi korkunç koşullarını bile bazen unutabiliyordu. Biri, Auschwitz'ten Bavyera'daki bir kampa doğru çıkarıldığınız yolculukta, aracın parmaklıklı pencerelerinden zirveleri günbatımında parlayan Salzburg Dağları'na bakarken yüzlerimizi görseydi, bunların yaşam umudunu ve özgürlüklerini tamamen kaybetmiş insanların yüzleri olduğuna kesinlikle inanmazdı. Bu duruma rağmen (belki de bu nedenle) doğanın uzun süredir özlediğimiz güzelliği, bizi kendimizden geçiriyordu.

Kampta da biri yanında çalışan yoldaşının dikkatini Bavyera Ormanları'nın uzun ağaçları arasından (Dürer'in meşhur tablosunun renkleri gibi) parlayan güneşe çekebiliyordu. Aynı ormana devasa ve gizli bir cephanelik inşa etmiştik. Bir akşam, barakamızda ölesiye yorgun, ellerimizde çorba kaseleriyle dinlenmeye çalışırken bir tutsak içeri girdi ve muhteşem günbatımını izlemek için dışarı çıkmamızı istedi. Dışarıda, batıda karanlık bulutların parladığını ve tüm gökyüzünün çelik mavisinden kan kırmızısına kadar sürekli değişen renklere büründüğünü gördük. Perişan haldeki çamur barakalarımız keskin bir tezatlık oluştururken, çamurlu topraktaki su birikintileri gökyüzünün renklerini yansıtıyordu. Birkaç dakikalık sessizliğin ardından bir tutsak diğerine "Dünya ne kadar güzel olabiliyor!" dedi.

Başka bir sefer hendekte çalışıyorduk. Etrafımızdaki her şey, çevremizi saran şafak; tepemizdeki gök; şafağın solgun ışığı altındaki karlar; tutsakların büründüğü paçavralar ve yüzleri, hepsi griydi. Yine sessizce karımla sohbet ediyor veya belki de acılarımın ve yavaş yavaş ölmemin nedenini bulmaya çalışıyordum. Ruhumun, yavaş yavaş yaklaşan ölümün umarsızlığına karşı son bir itiraz çabasıyla bizi saran kasveti delmeye çalıştığını duyumsadım. Bu umutsuz, anlamsız dünyayı aştığımı hissettim ve nihai bir amacın varlığına ilişkin sorularıma karşılık olarak muzaffer bir "Evet" duydum. O anda, Bavyera şafağının sefil griliğinin ortasında, sanki onu oraya ben çizmişim gibi ufukta duran uzak bir çiftlik evinde, bir anda bir ışık yandı. "Et lux in tenebris lucet"(Ve karanlıkta bir ışık parladı). Saatlerce buz zeminin üzerinde durdum. Gardiyanlar bana hakaret ederek yanımdan geçtiler ve bir kez daha sevdiğimle konuştum. Onun varlığını ve benimle olduğunu giderek daha fazla hissediyordum; ona dokunabildiğimi, elimi uzatıp onunkini tutabildiğimi hissediyordum. His çok güçlüydü: O oradaydı ve tam da o anda bir kuş sessizce uçarak tam önüme yığdığım toprağın üstüne kondu ve gözlerini ayırmadan bana baktı.

Daha önce sanattan bahsetmiştim. Toplama kampında böyle bir şey var mıydı? Bu, kişinin neye sanat demeyi seçtiğine göre değişir. Bazen bir tür kabare doğaçlanırdı. Bir baraka geçici olarak boşaltılır, birkaç tahta sıra yan yana itilir veya birbirine çivilenir ve bir program sergilenirdi. Akşamları, kampta epey iyi durumda olanlar (Kapolar ve kampı uzun yürüyüşlerle terk etmek zorunda olmayan işçiler) orada toplanırlardı. Biraz gülmek ve belki de biraz ağlamak ama her şekilde unutmak için gelirlerdi. Bazılarının altında kampa yönelik hicvin yattığı şarkılar ve şiirler söylenir, komiklikler yapılırdı. Hepsi unutmamızı sağlamak içindi ve işe yarardı. Toplanmalar o kadar etkiliydi ki sıradan tutuklulardan bazıları tüm yorgunluklarına ve hatta günlük öğünü kaçırma pahasına oraya giderlerdi.

Yarım saat öğle yemeği arasında (taşeronun karşıladığı ve çok da para ödemediği) çorba dağıtılırken, henüz bitmemiş bir makine odasında toplanmamıza izin verilirdi. Girerken herkes bir kap sulu çorba alırdı. Bunu oburca içerken, bir tutsak bir küvetin üstüne çıkar ve İtalyan aryaları söylerdi. Şarkıları severdik ve şarkıcının çift porsiyon (ve dipten, yani bu da demek oluyor ki içinde bezelye olan) çorba hakkı olurdu.

Kampta ödüller sadece eğlence değil, beğeni için de verilirdi. Örneğin, ben kampın en korkulan ve birden fazla nedenden dolayı "Katil Kapo" denilen Kaposu'ndan bu sayede korundum (şanslıydım ki hiç ihtiyacım olmadı!). Bu şöyle oldu: Bir akşam, ruh çağırma seansının gerçekleştiği odaya davet edilme onuruna yeniden sahip olmuştum. Başhekim ve gizlice gelen sıhhiye subayı yine oradaydı. Kampta ünlü (veya kötü ünlü) olan şiirlerinden birini okumak için çağrılan Katil Kapo odaya yanlışlıkla girdi. Hiç ısrar edilmesi gerekmedi ve sanatından parçalar okuduğu bir günlüğü cebinden çıkardı. Aşk şiirlerinden birine gülmemek için dudaklarımı ısırdım ve bu da benim hayatımı kurtardı. O kadar cömertçe alkışladığım için, daha önce bir gün olduğu gibi onun ekibine dahil edilmiş olsaydım bile hayatımı kurtarabilirdim. O bir sefer benim için fazlasıyla yeterliydi. Yine de Katil Kapo'yu sevilebilir bir yönüyle tanımak faydalıydı. Böylece alkışlayabildiğim kadar alkışladım.

Genelllikle kampta herhangi bir şekilde sanat peşine düşmek biraz çirkin bir işti. Sanatla bağlantılı herhangi bir şeyin uyandırdığı izlenimin, ıssız kamp yaşantısında performans ve arka planın tezatlığından kaynaklandığını söyleyebilirim. Auschwitz'teki ikinci gecemde ölü gibi uyuduğum uykudan nasıl uyandığımı asla unutmuyorum: Müzikle. Barakanın kıdemli bekçisi hemen girişteki odasında bir tür kutlama yapıyordu. Çakırkeyif sesler bayağı bir şarkı söylüyordu. Aniden bir sessizlik oldu ve bir keman geceye üzgün bir tango bıraktı; sık duymaktan sıkılmayacağınız sıradışı bir melodiydi. Keman ağladı ve benim de bir parçam onunla ağladı çünkü o gün, birinin yirmi dördüncü doğum günüydü. O kişi, Auschwitz kampının başka bir yerinde, belki de birkaç yüz metre ötede ama tamamen erişilmez bir yerdeydi. O kişi benim karımdı.

Toplama kampında sanatın herhangi bir suretine rastlanabileceği fikri dışarıdan bakan biri için bile yeterince şaşırtıcıyken, orada sönük de olsa veya birkaç saniye veya dakika da sürse, bir mizah hissine rastlanabileceğini duymak daha da şaşırtıcı olacaktır. Mizah, ruhun kendini koruma savaşında bir başka silahıydı. Mizahın sadece birkaç saniye bile olsa insana, başka her şeyden fazla olarak her durumun üzerine çıkabilecek bir mesafe ve beceri sağladığı iyi bilinir. İnşaat alanında yan yana çalıştığımız bir arkadaşıma mizah duygusu geliştirebilmesi için eğitim vermiştim. Ona, birbirimize her gün en az bir kere, serbest kaldıktan sonra başımıza gelebilecek herhangi bir olaya dair şaşırtıcı bir hikaye anlatmayı önermiştim. Büyük bir hastanenin kadrosunda asistan olarak görev yapan bir cerrahtı. Bir gün onu, eski işine döndüğünde kamp hayatının alışkanlıklarından kurtulamayacağını anlatarak gülümsetmeye çalıştım. İnşaat alanında (özellikle de şef, teftiş turunu atarken) ustabaşı bize "Hareket! Hareket!" diye bağırarak daha hızlı çalışmamızı sağlamaya çalışırdı. Arkadaşıma, "Bir gün ameliyat odasına döneceksin ve büyük bir mide operasyonunun ortasında aniden bir hastabakıcı içeri girerek başcerrahın geldiğini 'Haraket! Hareket!' diye bağırarak bildirecek" dedim.

Bazen başka birileri, gelecek hakkında absürt hayaller kurarlardı. Örneğin, gelecekte katılacakları bir yemekte çorba servisi yapılırken evin hanımına "dipten vermesi" için yalvardıklarını tasavvur ederlerdi.

Bir mizah duygusu geliştirme ve olayları mizahın ışığında görebilme çabası, yaşama sanatında ustalaşırken öğrenilen bir hile gibiydi. Istırabın hüküm sürdüğü toplama kampında bile, yaşama sanatını uygulamak yine de mümkündü. Bir benzerlik kurmak gerekirse, insanın acısı gazın hareketine benziyordu. Belli miktarlarda gaz, boş bir kutuya pompalandığında kutu ne kadar büyük olursa olsun onu tamamen ve eşit dağılım göstererek doldurur. Aynı şekilde ıstırap da ister küçük ister büyük olsun insan ruhunu ve bilincini tamamen doldurur. Bu yüzden de insan ıstırabının "boyutu" tamamen görelidir.

Çok ufak tefek bir şeyin, sevinçlerin en büyüğüne neden olduğu da vakidir. Örneğin, Auschwitz'ten Dachau kontrolünde olan kampa yolculuğumuzu ele alalım. Yolculuğun Mauthausen kampına olmasından korkuyorduk. Yolculuk arkadaşlarımızın söylediklerine göre, Danube üzerindeki

Mauthausen'a gitmek için geçilmesi gereken bir köprüye yaklaştıkça gerginliğimiz artmıştı. Bu tür bir şeyi daha önce hiç görmemiş olanlar, büyük ihtimalle trenin köprüyü geçmediğini ve "sadece" Dachau'ya gittiğini anladığımızda yaptığımız sevinç danslarını tasavvur edemezler.

Yine iki gün ve üç gece süren yolculuğun ardından o kampa vardığımızda ne oldu? Aracın zemininde herkesin çömelmesine yetecek yer yoktu. Çoğumuz yol boyunca ayaktaydık, sadece bazılarımız insan idrarıyla dolu yere sırayla çömelebilmişti. Vardığımızda daha eski tutsaklardan duyduğumuz ilk önemli haber, bu daha küçük kampın (2 bin 500 kişilikti) gaz odasının ve fırınının olmadığıydı! Bu da "Müslüman" olmuş bir tutsağın doğrudan gaz odasına götürülemeyeceğini, Auschwitz'e dönüş yapan "hasta konvoyunu" beklemesi gerektiği anlamına geliyordu. Bu sevinçli sürpriz, bizi iyi bir ruh haline soktu. Auschwitz'teki barakamızın kıdemli bekçisinin dileği gerçek olmuştu: Mümkün olduğu kadar çabuk Auchwitz gibi "bacası" olmayan bir kampa getirilmiştik. Sonraki birkaç saat boyunca başımıza geleceklere rağmen kahkahalar atıp şakalar yaptık.

Yeni gelenler sayıldığında aramızdan birinin eksik olduğu anlaşıldı. Bu yüzden kaybolan adam bulunana kadar, dışarıda yağmur ve soğukta bekledik. Neyse ki barakalardan birinde yorgunluktan uyuyakalmış halde bulundu. Bunun üzerine sayım bir ceza gösterisine dönüştü. Gece boyunca ve ertesi sabahın erken saatlerine kadar yolculuğumuzun eziyetine rağmen iliklerimize kadar ıslanmış ve donmuş halde dışarıda ayakta tutulduk. Yine de hepimiz memnunduk! Bu kampta baca yoktu ve Auschwitz çok uzakta kalmıştı.

Başka bir seferinde iş alanımızın yanından geçen bir grup mahkum gördük. Istırabın göreliliği o zaman ne kadar bariz hale gelmişti! Bu mahkumların bize düzenli, güvenli ve mutlu görünen hayatlarını ne kadar kıskanmıştık. Kesinlikle düzenli olarak banyoya girebiliyorlar diye düşünmüştük üzülerek. Kesin diş fırçaları ve elbise fırçaları, her biri için ayrı şilteleri vardır ve akrabalarından her ay mektup alabiliyor, en azından hâlâ hayatta olup olmadıklarından haberdar ediliyorlardır. Biz bunları çok zaman önce kaybetmiştik.

Bir fabrikaya girip korunaklı bir yerde çalışma şansı bulanları da çok kıskanıyorduk! Herkesin isteği, böyle bir hayat kurtaran şansa sahip olmaktı. Göreli şansın ölçeği daha da genişti: Kampın dışındaki müfrezelerde bile (bunlardan birine dahildim) diğerlerinden daha kötü olduğu düşünülen birimler vardı. İnsan dik bir yamaçtaki derin çamur bataklıklarına girip günde on iki saat demiryolunun borularını boşaltmak zorunda kalmayanlara bile imrenebiliyordu. Kazaların çoğu bu iş sırasında oluyor ve sıklıkla ölümle sonuçlanıyordu.

Başka çalışma gruplarında ustabaşıları görünen o ki yerel bir dayak geleneğini sürdürüyorlardı ve bu da onların kumandasında çalışmadığımız veya sadece geçici süre çalıştığımız için göreli olarak şanslı hissetmemize neden oluyordu. Bir kere kötü talih sonucu bu gruplardan birine dahil oldum. Ustabaşının sürekli olarak benimle uğraştığı iki saatin ardından, işçilerin yeni bir gruba geçmesi gereğini haber veren siren duyulmasaydı, kampa ölmüş ya da ölmek üzere olan tutsakları taşıyan kızaklardan birinin üzerinde dönecektim. Kimse, raundun bitişini haber veren ve son dakikada nakavttan kurtulan bir boksör de dahil kimse, bu tür bir durumda bir siren sesinin getireceği rahatlamayı hayal edemez.

En küçük merhametlere bile minnettardık. Yatmadan önce bitlerimizi ayıklayacak zaman olduğunda seviniyorduk ki aslında bu tavanından buzdan sarkıtların sarktığı ısıtılmayan barakada, çıplak olarak ayakta durmayı gerektiren keyifsiz bir işti. Yine de bu işlem sırasında hava saldırısı alarmı verilmediğinde ve ışıklar kapatılmadığında memnun oluyorduk çünkü bu işi doğru düzgün yapamadığımızda gecenin yarısını uyanık geçiriyorduk.

Kamp yaşantısının müstesna hazları bir tür olumsuz mutluluğa yol açıyordu. Schopenhauer'in ifade ettiği gibi "ıstıraptan kurtulma" sağlıyor ve hatta göreli bir şekilde sadece bu. Gerçekten olumlu olan hazlar ve hatta pek küçükleri bile gerçekten çok azdı. Bir gün, bir tür bir haz bilançosu çıkardığımı ve geçen birçok haftada sadece iki keyifli an ayırt edebildiğimi hatırlıyorum. Bunlardan biri çalışmadan dönerken, uzun bir beklemeden sonra yemekhaneye gönderildiğim ve tutsak aşçı F.'nin çorba dağıttığı sıraya denk düştüğüm gündü. Dev kazanlardan birinin ardında duruyor ve tutsakların ona uzattığı kaselere çorba dolduruyordu. Kendisine kase uzatan tutsağın kim olduğuna hiç bakmayan ve kimin aldığından bağımsız olarak çorbayı eşit dağıtan tek aşçıydı. Böylece, arkadaşlarına veya hemşerilerine torpil geçerek patatesleri onlara verip diğerlerine çorbanın suyunu bırakmazdı.

Yine de kendi çevresini herkesin üstünde gören bu tutsakları yargılamak bana düşmez. Mesele er ya da geç bir ölüm kalım meselesine dönüşecekken kendi arkadaşlarına torpil geçen birine kim taş atabilir? Kendisine, böyle bir durumda aynısını yapıp yapmayacağını sorup tam bir dürüstlükle cevaplamayan kimse bu durumu yargılayamaz.

Normal hayata döndükten, yani kamptan serbest bırakıldıktan uzun bir süre sonra, biri bana ranzaların üzerinde üst üste yatan ve gelen ziyaretçiye boş boş bakan tutsakların fotoğraflarının bulunduğu bir dergi göstermişti. "Korkmuş ve boş bakan yüzler, bunlarla ilgili her şey çok korkunç değil mi?" diye sormuştu.

"Neden?" diye sordum çünkü gerçekten anlamamıştım. O anda her şeyi yeniden hatırladım: Sabahın beşinde dışarısı hâlâ zifiri karanlık oluyordu. Yetmiş kişinin "bakıldığı" toprak bir barakada, sert tahtalar üzerinde yatıyordum. Hastaydık ve çalışmak için kamptan ayrılmamıza, talime katılmamıza gerek yoktu. Hepimiz kendi küçük köşemizde yatabilir, uyuklayabilir ve günlük ekmeğin (elbette ki hastalara daha küçük veriliyordu) ve günlük çorbanın (daha da sulandırılmış ve azaltılmış çorba) dağıtımını bekleyebilirdik. Her şeye rağmen ne kadar mutlu ve memnunduk. Gereksiz ısı kaybını engellemek için birbirimize sokulmuştuk ve gerekmedikçe parmağımızı bile kımıldatmayacak kadar tembel ve isteksizdik. Gece vardiyasının dönüşünde, sayım için toplanılan alandan tiz düdük ve bağırışlar duyduk. O sırada kapı sonuna kadar açıldı ve kar fırtınasının soğuğu barakamızın içine doldu. Karla kaplanmış yorgun bir yoldaş, birkaç dakika oturmak için içeri girdi ancak kıdemli bekçi, onu yine dışarı çıkardı. Yoklama sırasında bir yabancının barakaya alınması kesinlikle yasaktı. O sırada, o arkadaş için ne kadar üzülmüş ve onun yerinde olmadığım, hasta olduğum ve hasta koğuşunda uzanabildiğim için kendi adıma ne kadar da sevinmiştim! Orada iki gün geçirmenin ve belki de iki gün daha geçirmenin hayat kurtaran bir anlamı vardı!

O dergide, o fotoğrafları gördüğümde aklıma tüm bunlar geldi. Anlattığımda, dinleyenler fotoğrafları neden o kadar korkunç bulmadığımı anladılar; orada gösterilen insanlar belki de o kadar mutsuz değillerdi.

Hasta koğuşundaki dördüncü günümde, başhekim içeri aceleyle gelip tifüs hastalarının bulunduğu başka bir kampta tıbbi gönüllü olmamı istediği sırada, gece vardiyasına alınmak üzereydim. Arkadaşlarımın aksi yöndeki tavsiyelerine ve neredeyse hiçbir meslektaşımın hizmeti kabul etmemesine rağmen gönüllü olmaya karar verdim. Çalışma grubunun içinde kalırsam kısa süre içinde öleceğimi biliyordum ancak orada ölürsem, ölümümün bir anlamı olacaktı. Hiç şüphesiz ki bir ot gibi yaşayıp sonunda o zaman olduğum gibi verimsiz bir işçi olarak ölmektense, bir hekim olarak yoldaşlarıma yardım etmek için çalışmanın daha anlamlı olacağını düşündüm.

Bu benim için fedakarlık değil, basit bir matematik işiydi fakat sıhhiye bölüğünün subayı, tifüs kampı için gönüllü olan iki doktora "doğru düzgün bakılmasını" emretmişti. O kadar zayıftık ki eline iki doktor yerine iki ceset geçeceğinden korkmuştu.

Daha önce, insanın kendisini ve yakın arkadaşlarını hayatta tutmasıyla ilgili olmayan her şeyin nasıl değer kaybettiğinden bahsetmiştim. Her şey, bu amaç uğruna feda edilebiliyordu. İnsanın kişiliği, benimsediği tüm değerleri tehdit eden ve onu şüpheye düşüren bir zihinsel karmaşaya sürüklenmesine neden olan bir noktaya sürüklenebiliyordu.

İnsan yaşamı ve onurunu artık tanımayan ve insanı iradesinden soyutlayarak onu (fiziksel kaynaklarını son damlasına kadar sömürdükten sonra) yok etmeyi planlayan bir dünyada, kişisel benlik en sonunda değerlerini kaybedebiliyordu. Toplama kampındaki bir insan kendisine saygısını korumak için son bir mücadele vermediği takdirde birey olma; aklı, iç özgürlüğü ve kişisel değerleri olan bir varlık olma hissini kaybediyordu. Bu durumda kendini sadece korkunç bir insan kitlesinin bir parçası olarak görmeye başlıyor ve varoluşu, hayvan yaşamı seviyesine iniyordu. İnsanlar bazen bir arada bazen tek tek, tıpkı kendine ait bir düşüncesi ve iradesi olmayan bir koyun sürüsü gibi bir yerden diğerine doğru güdülüyordu. İşkence ve sadizm biçimlerinde ustalaşmış küçük ama tehlikeli bir çete onları her yandan izliyordu. Bu çete, sürüyü ileri geri bağırış, tekme ve düdüklerle durmadan hareket ettiriyordu. Biz koyunlar ise sadece iki şeyi düşünüyorduk: Kötü köpeklerden kaçınmayı ve biraz yemek almayı.

Sürekli olarak bir sürünün ortasına ürkekçe kümelenen koyunlar gibi, her birimiz kendi gruplarımızın ortasında durmaya çalışıyorduk. Bu bize kalabalığın yanında, arkasında veya önünde yürüyen gardiyanların darbelerinden kaçma şansı veriyordu. Ortadaki konumların acı rüzgarlara karşı korunma gibi ek bir avantajı da vardı. Bu nedenle kalabalığın içine dalmak, kişinin kendi postunu kurtarmaya çalışması anlamına geliyordu. Bu genellikle otomatik olarak yapılıyordu. Ayrıca kamptaki en zorunlu yasalardan biriyle de uyumluydu: Belirgin olmamak. Her zaman SS'nin dikkatini çekmekten kaçınmaya çalışıyorduk.

Elbette kalabalıktan uzak durmanın mümkün ve hatta gerekli olduğu zamanlar da vardı. Herkesin yaptığı her şeye her dakika dikkat edilen zorunlu bir topluluk yaşamının en azından bir süre için uzaklaşma isteğine yol açtığı bilinir. Tutsak kendisi ve düşünceleriyle baş başa kalmaya özlem duyuyordu. Mahremiyet ve yalnızlığı arzuluyordu. Sözde "istirahat kampına" naklimin ardından bazen beş dakikalığına yalnız kalma şansı bulurdum. Deliryumdaki elli hastanın bulunduğu çalıştığım barakanın arkasında kampı çevreleyen çitlerin köşesinde sessiz bir nokta vardı. Oracığa yarım düzine (kamptaki günlük vefat sayısıydı) cesedi korumak için birkaç direk ve ağaç dalından bir tente yapılmıştı. Ayrıca su borularının bağlandığı bir kuyu vardı. Hizmetlerime ihtiyaç duyulmadığında bu kuyunun tahta kapağına çömelirdim. Sadece dikenli telin oluşturduğu çerçeveden, Bavyera manzarasının yeşil ve çiçekli bayırlarına ve uzaktaki mavi tepelere bakardım. Özlemle hayal kurardım ve düşüncelerim kuzey ve kuzeydoğuya, yani evimin olduğu yöne doğru uçar ancak sadece bulutları görebilirdim.

Dibimde üzerinde pirelerin cirit attığı cesetler beni rahatsız etmezdi. Sadece geçen gardiyanların adımları, revire çağrılmak veya elli hastaya birkaç gün yetecek beş, on aspirinden oluşan ilaç paketinin ulaşması beni düşlerimden uyandırabilirdi. Onları aldıktan sonra vizite çıkar, hastaların nabızlarını yoklayarak ciddi vakalara yarım tablet verirdim ancak durumu umutsuz olanlara ilaç verilmezdi. Hem işe yaramazdı hem de biraz umutlu durumda olanları ilaçtan mahrum bırakmak istemezdim. Hafif durumda olan hastalar içinse hiçbirşey yapmazdım, belki cesaretlendirici bir iki kelime. Kendim de ciddi bir tifüs atağı yüzünden zayıf ve bitkin olmama rağmen bu şekilde kendimi hastadan hastaya sürüklerdim. Sonra yine su kuyusunun ahşap kapağının üstündeki yalnızlığıma dönerdim.

Bu kuyu, bir gün tesadüfen üç tutsağın hayatını kurtardı. Özgürlüğümüzden kısa bir süre önce Dachau'ya kitlesel nakiller yapılıyordu ve bu üç tutsak haklı olarak nakilden kaçmak istedi. Kuyudan aşağı indiler ve burada gardiyanlardan saklandılar. Ben de kapağın üzerinde oturarak masum görünmeye çalıştım ve tellere taş atarak çocukça bir oyun oynadım. Beni fark eden gardiyan bir süre durdu ancak sonra devam etti. Aşağıdaki üç kişiye en kötü tehlikenin geçtiğini söyledim.

Dışarıdan bakan birinin, kampta insan yaşamının ne kadar değersiz olduğunu kavraması zordur. Kamp sakinleri katılaşmışlardı ancak hasta konvoyu yüklenirken insan varoluşuna yönelik korkunç saygısızlığın daha da çok bilincine varıyorlardı. Hastaların iskeletleşmiş bedenleri tutsakların çoğunlukla kar fırtınasında kilometrelerce çektiği iki tekerlekli arabalara atılıyordu. Araba yola çıkmadan önce hastalardan biri ölürse yine de arabaya atılıyordu; listenin tam olması lazımdı! Önemli olan tek şey listeydi. Bir insanın tek karşılığı taşıdığı numaraydı. İnsan kelimenin tam anlamıyla numaraya dönüşmüştü: Ölü ya da diri olması önemli değildi; "numaranın" yaşamı tamamen konu dışıydı. Numaranın arkasındakiler çok daha önemsizdi: Bir insanın kaderi, geçmişi, ismi... Hasta tutsakların nakli sırasında, ben hekim sıfatıyla Bavyera'daki bir kamptan diğerine onlara eşlik ederken kardeşinin adı listede olmadığı için arkada bırakılan bir adam vardı. Genç adam o kadar yalvarmıştı ki kamp bekçisi bir değiş tokuş yapmaya karar vermiş ve kardeş o sırada geride kalmayı tercih eden başka bir tutsağın yerini almıştı fakat listenin tam olması gerekiyordu! Bu da kolaydı; kardeş diğer tutsakla numaralarını değiştirmişti.

Daha önce de belirttiğim gibi burada hiçbir evrakımız yoktu, herkes sadece kendi bedenine sahipti. Sonuçta hâlâ nefes alıyorduk. Bizimle ilgili geri kalan her şey, mesela iskelet gibi vücutlarımızdan sarkan paçavralar sadece hasta tutsakların nakline dahil edilirsek önemliydi. Getirilen "Müslümanlar" utanmaz bir merakla ayakkabıları ve giysileri kendilerininkinden daha iyi mi diye inceleniyordu. Sonuçta kaderleri mühürlüydü fakat kampta kalan hâlâ çalışabilecek durumda olanlar hayatta kalma şanslarını artırmak için her türlü aracı kullanmak zorundaydı. Duygusal değillerdi. Tutsaklar, kendilerini tamamen gardiyanların insafına bırakılmış kader kurbanları olarak görüyorlar ve bu da onları koşulların elverdiğinden daha bile fazla insanlıktan soyutluyordu.

Auschwitz'te kendime çok işime yarayacak bir kural koymuştum ve sonradan yoldaşlarımdan birçoğu da bu kuralı uyguladı. Genel olarak tüm soruları dürüstçe cevaplıyordum fakat sorulmayan hiçbir şey hakkında konuşmuyordum. Yaşım sorulduğunda söylüyordum. Mesleğim sorulduğunda "Doktor" diyor ancak ayrıntılandırmıyordum. Auschwitz'teki ilk sabahımda bir SS subayı nümayiş alanına geldi. Tutsaklar olarak gruplara ayrılmamız gerekiyordu: Kırk yaşın altındakiler ve üstündekiler, metal işçileri, tamirciler vb... Sonra yara bere muayenesi yapıldı ve tutsaklar yeni bir grup oluşturmak zorunda kaldı. İçinde olduğum grup başka bir barakaya götürüldü ve burada tekrar sıraya girdik. Yeniden gruplara ayrıldıktan ve yaşım ve mesleğim gibi sorulara cevap verdikten sonra, başka bir küçük gruba dahil edildim. Bir kere daha başka bir barakaya götürüldük ve yeniden gruplandırıldık. Bu, bir süre böyle devam etti ve ben kendimi bilmediğim diller konuşan yabancılar arasında bulup çok mutsuz oldum. Sonra son seçim geldi ve kendimi yine ilk barakada birlikte olduğum grupta buldum! Bu süre içinde barakadan barakaya geçtiğimi fark etmemişlerdi bile ama ben bu süre içinde kaderimin birkaç kere değiştiğinin farkındaydım.

"İstirahat kampına" gitmek üzere hasta nakli ayarlanırken, birkaç doktor da gerektiği için adım (yani numaram) listeye yazılmıştı fakat kimse, varış noktasının istirahat kampı olduğuna inanmıyordu. Bundan birkaç hafta önce aynı nakil yine ayarlanmıştı. O zaman da herkes hedefin gaz fırınları olduğuna inanıyordu. En çok korkulan gece vardiyasına gönüllü olanların nakil listesinden çıkarılacağı duyurulduğunda seksen iki kişi hemen gönüllü oldu. Çeyrek saat sonra nakil iptal edildi ama seksen iki kişi gece vardiyası listesinde kaldı. Bunların çoğunluğu için bu, önümüzdeki iki hafta içinde ölüm demekti.

Şimdi de istirahat kampına nakil ikinci kez ayarlanıyordu. Yine hiç kimse, bunun hasta olanların sadece iki haftalığına bile olsa kalan son gücünü emmek için bir oyun mu olduğunu yoksa gaz fırınlarına mı veya gerçekten istirahat kampına mı gidileceğini bilmiyordu. Beni sevmeye başlayan başhekim bana bir akşam ona çeyrek kala gizlice şöyle dedi: "Er odasında adının listeden çıkarılabileceğini söyledim; saat ona kadar yapabilirsin."

Ona benim böyle bir şey yapamayacağımı ve kaderimi kabul etmeyi öğrendiğimi söyledim. "Arkadaşlarımla kalmayı tercih ederim" dedim. Gözlerinde bir acıma gördüm, sanki biliyordu. Elimi sessizce sıktı. Bu yaşam değil, yaşama bir elvedaydı. Yavaşça barakama yürüdüm. İyi bir arkadaşımı beni beklerken buldum.

"Gerçekten onlarla gitmek istiyor musun?" diye sordu üzülerek.

"Evet gidiyorum."

Gözlerine yaşlar doldu. Onu teselli etmeye çalıştım. Yapılacak bir işim daha vardı: Vasiyetimi yazmak.

"Dinle Otto. Karıma dönemezsem ve sen onu bir daha görürsen, ona, onunla her gün her saat konuştuğumu söyle. Sakın unutma. İkinci olarak onu herkesten çok sevdim. Üçüncüsü, onunla evli olduğum kısacık süre, burada tüm yaşadıklarımıza rağmen her şeye değerdi."

Otto, neredesin şimdi? Yaşıyor musun? Seninle geçirdiğimiz son saatten sonra başına neler geldi? Karına kavuşabildin mi? Sana çocuksu gözyaşlarına rağmen vasiyetimi kelime kelime ezberlettiğimi hatırlıyor musun?

Ertesi sabah nakille birlikte yola çıktım. Bu sefer tezgah değildi. Gaz odalarına da gitmedik ve gerçekten istirahat kampına gittik. Bana acıyanlar, her zamankinden daha şiddetli bir kıtlıkla karşı karşıya oldukları kampta kalmışlardı. Kendilerini kurtarmaya çalışmışlar ancak sadece kaderlerini mühürlemişlerdi. Aylar sonra, serbest bırakılmamızın ardından eski kampımızdan bir arkadaşla karşılaştım. Kamp polisi olarak ceset yığınlarının arasında bir parça et aradığını anlattı. Bir tencerenin içinde bulduğu ete el koymuştu. Yamyamlık başlamıştı. Tam zamanında ayrılmıştım.

Bu, Tahran'daki Azrail öyküsünü hatırlatmıyor mu? Bir gün zengin ve güçlü bir İranlı, uşaklarından biriyle bahçede karşılaşmış. Uşak, Azrail ile karşılaştığını ve onu tehdit ettiğini söyleyerek bağırmış. Efendisine, kendisine en hızlı atını vermesi için yalvarmış, böylece Tahran'a aynı akşam varabilecekmiş. Efendi kabul etmiş ve uşak ata atlamış. Eve dönen efendi Azrail'le kendisi karşılaşmış ve ona sormuş: "Neden uşağımı korkutup tehdit ettin?" Azrail yanıtlamış: "Tehdit etmedim, sadece onunla bu gece Tahran'da buluşmayı planlarken burada karşılaştığım için şaşırdığımı söyledim."

Kamp sakinleri ne olursa olsun karar vermekten ve inisiyatif almaktan korkuyorlardı. Bu, insanı kaderin yönettiğine ve kişinin kaderini etkilemeye çalışmaması, bunun yerine ağlarını örmesine izin vermesi gerektiğine yönelik güçlü bir histen kaynaklanıyordu. Buna ek olarak, tutsağın hislerine hiç de basit bir etkisi olmayan bir umarsızlık hali de söz konusuydu. Bazen ölüm kalım meselesi olan konularda karar vermek gerekiyordu. Tutsak bu seçimi kadere bırakmayı tercih ediyordu. Karardan kaçınmanın en belirgin olduğu durumlar, tutsağın bir kaçma girişiminden yana veya aleyhinde karar vermesi gerektiği zamanlardı. Karar vermesi gerektiği o dakikalarda (her zaman sadece dakikalar söz konusuydu) cehennem azabı çekiyordu. Kaçmaya çalışmalı mı? Riski göze almalı mı?

Bu işkenceyi ben de çektim. Cephe yaklaşırken kaçma şansım vardı. Tıbbi görevleri dahilinde kampın dışındaki barakaları ziyaret etmek zorunda kalan bir meslektaşım beni yanına almak istedi. Hastalığın bir uzman görüşü gerektirdiğini öne sürerek beni dışarı çıkardı. Kampın dışında, yabancı bir direniş hareketi bize üniforma ve evrak sağlayacaktı. Son anda bazı teknik sorunlar çıktı ve bir kez daha kampa dönmek zorunda kaldık. Bu şansı kendimize biraz erzak (birkaç çürük patates) bulmak ve bir sırt çantası aramak için kullanmıştık.

Kadınların kampında, kadınlar başka bir kampa gönderildiği için boş kalan bir barakaya girdik. Baraka korkunç bir haldeydi; belli ki kadınlar yanlarına birkaç parça bir şey alıp kaçmışlardı. Paçavralar, saman, çanak çömlek kırıkları ve çürük yiyecekler vardı. Bazı kaplar iyi durumdaydı ve işimize yarayabilirlerdi ama onları almamaya karar verdik. Son zamanlarda durumlar iyice kötüleştikten sonra sadece yiyecek değil, maşrapa veya lazımlık olarak da kullanıldıklarından haberimiz vardı. (Barakanın içinde herhangi bir mutfak aleti bulundurmaya yönelik sıkı bir yasak vardı ancak bazıları, özellikle de tifüs hastaları yardım alarak bile dışarı çıkamayacak kadar bitkin oldukları için bu kuralı ihlal edebiliyorlardı.) Ben gözcülük yaparken arkadaşım içeri girdi ve kısa süre sonra paltosunun altına sakladığı bir çantayla döndü. İçeride benim alabileceğim başka bir tane daha çanta görmüştü. Böylece yer değiştirdik ve içeri ben girdim. Döküntüleri karıştırırken çantayı buldum ve hatta bir dış fırçası bile buldum. Birdenbire, arkada bırakılan diğer şeylerin arasında bir şey daha gördüm; bir kadının cesedini.

Barakama giderek tüm ganimetimi toplamaya çalıştım: Yiyecek kabım, ölmüş bir tifüslüden "miras kalmış" yırtık bir çift eldiven ve kısa kısa notlarla dolu birkaç müsvedde kağıdı (daha önce bahsettiğim gibi Auschwitz'te kaybettiğim taslağı yeniden oluşturmaya başlamıştım). Barakada, çift sıra çürümüş tahtalar üzerinde yatan hastalarımı hızlıca son bir kez yokladım. Neredeyse ölmek üzere olan ve hayatını kurtarmak için canla başla çalıştığım tek hemşerime uğradım. Kaçma konusundaki niyetimi kendime saklamalıydım ama yoldaşım bir şeylerin yolunda gitmediğini anlamıştı (belki ben biraz sinirli görünüyordum). Yorgun bir sesle bana sordu: "Sen de mi çıkıyorsun?" İnkar ettim ama üzgün bakışlarından kaçınmakta çok zorlandım. Tüm hastaları yokladıktan sonra ona geri döndüm. Yine beni umutsuz bir bakışla karşıladı ve bir şekilde bu bakışlarda suçlama hissettim. Arkadaşıma, onunla kaçabileceğimi söylediğim zaman oluşan o nahoş duygu daha şiddetli bir hale geldi. Aniden kaderimi bir kere daha ellerime almaya karar verdim. Barakadan dışarı koştum ve arkadaşıma onunla gelmeyeceğimi söyledim. Ona söyler söylemez zihnimde yaptığım bu kapanış ve hastalarımla kalmaya karar vermiş olmak o mutsuz histen kurtulmamı sağladı. Önümüzdeki günlerin ne getireceğini bilmiyordum ama daha önce hissetmediğim bir iç huzur hissediyordum. Barakaya döndüm, hemşerimin ayakucundaki tahtaya oturdum ve onu rahatlatmaya çalıştım; ardından diğerleriyle konuştum ve onları deliryumlarında sakinleştirmek için uğraştım.

Kamptaki son günümüz gelip çatmıştı. Cephe yaklaştıkça tutsakları başka kamplara götüren kitlesel sevkler de artmıştı. Kamp yetkilileri, Kapolar ve aşçıların tamamı kaçmıştı. O gün, kampın günbatımına kadar tamamen boşaltılması emri gelmişti. Kalan birkaç hasta bile (hastalar, birkaç doktor ve "hemşireler") ayrılmak zorundaydı. Gece kamp ateşe verilecekti. Akşamüstü hastaları almak için geleceği söylenen kamyonlar görünürde yoktu. Bunun yerine kampın kapıları aniden kapatıldı ve teller kimse kaçmaya çalışmasın diye daha sıkı gözlem altında tutuldu. Kalan tutsaklar kampla birlikte yakılmaya mahkum edilmişti. Arkadaşım ve ben ikinci kez kaçmaya karar verdik.

Üç cesedi tellerin dışında bir yere gömmemiz emredilmişti. Bunu yapabilecek güçte olanlar kampta sadece ikimizdik. Geri kalan neredeyse herkes, hâlâ kullanımda olan birkaç barakada ateş ve deliryumun pençesinde yatıyordu. Planlarımızı yaptık: İlk cesetle birlikte arkadaşımın çantasını tabut olarak kullandığımız eski küvetin içine saklayarak dışarı çıkaracaktık. İkinci cesetle birlikte ise benim çantamı. Üçüncü seferimizde ise kaçmaya niyetlenmiştik. İlk iki sefer plana göre işledi. Dönüşte arkadaşım önümüzdeki birkaç günü ormanda geçireceğimiz için bir parça ekmek bulmaya çalışırken onu bekledim. Bekledim. Dakikalar geçti. Dönmedikçe daha da sabırsızlaştım. Üç yıl esaretin ardından özgürlüğü büyük bir keyif olarak düşlüyor, cepheye doğru koşmanın ne kadar harikulade olacağını hayal ediyordum ama o kadar ileri gidemedik.

Arkadaşım döndüğü an kampın kapısı sonuna kadar açıldı. Üzerine büyük kızıl haçlar çizilmiş görkemli, alüminyum rengi bir araba nümayiş alanına doğru ilerledi. Cenova Kızılhaçı'ndan bir delege gelmişti ve kamp sakinleri onun korumasıaltındaydı. Delege, acil bir durumda kampa yakın olmak için yakınlarda bir çiftlik evine yerleşti. Artık kaçmayı kim düşünür? İlaç dolu kutular arabadan indirildi, sigaralar dağıtıldı, fotoğraflarımız çekildi ve ortalığı bir neşe sardı. Artık savaş alanına gitme riskini almamıza gerek yoktu.

Bu heyecan içinde üçüncü cesedi unutmuştuk. Cesedi dışarı taşıdık ve üç ceset için kazdığımız dar çukura attık. Bize eşlik eden gardiyan (göreli olarak kaba biri sayılmazdı) birdenbire çok nazik olmuştu. İşlerin değişebileceğini anlamıştı ve iyi niyetimizi kazanmaya çalışıyordu. Üstlerine toprak atmadan önce ölüler için ettiğimiz kısa dualara katıldı. Ölümle yarışarak geçen son gün ve saatlerimizin gerginliğinin ve heyecanının ardından huzur temenni eden duamız insan sesinden beklenecek sıcaklıktaydı.

Böylece kamptaki son günümüz özgürlüğü bekleyerek geçti ama erken sevinmiştik. Kızılhaç delegesi, anlaşmanın imzalandığı konusunda bize teminat vermiş ve kampın boşaltılmaması gerektiğini söylemişti fakat o gece kamyonlarla gelen SS adamları yanlarında kampı boşaltmak için bir emir getirmişti. Kalan son tutsaklar önümüzdeki kırk sekiz saat içinde başka savaş esirlerinin karşılığında İsviçre'ye gönderilmek üzere merkezi bir kampa götürülecekti. SS'yi neredeyse tanıyamıyorduk. Bizi kamyonlara binmeye ikna etmeye çalışırken ve talihimize şükretmemiz gerektiğini söylerken çok cana yakındılar. Yeterince gücü olanlar kamyonlara doluştu ve hasta bitkin olanlar güçlükle taşındı. Arkadaşım ve ben (artık çantalarımızı saklamıyorduk) on üç kişinin bir sonraki kamyona seçileceği son grupta duruyorduk. Başhekim kişileri saydı ama ikimizi atladı. On üç kişi kamyona bindi ve biz geride bırakıldık. Şaşkınlık, öfke ve hayal kırıklığıyla yorgun ve dalgın olmasını mazeret gösteren başhekimi suçladık. Dedi ki hâlâ kaçmaya niyetlendiğimizi zannetmiş. Sabırsızlıkla oturduk, çantalarımızı sırtımıza taktık ve kalan birkaç tutsakla son kamyonu beklemeye başladık. Çok uzun süre beklememiz gerekti. Son olarak boş kalmış gardiyan odasının şilteleri üzerinde mütemadiyen umut ve umutsuzluk arasında dalgalandığımız son birkaç saatin ve günün heyecanından yorgun halde uzandık.

Yolculuğa çıkmaya hazır halde giysilerimiz ve ayakkabılarımızla uyuduk. Bizi uykumuzdan uyandıran top tüfek sesleri oldu, barakaya mermi ve kurşun yağmaya başladı. Başhekim içeri girdi ve yere yatmamızı söyledi. Bir tutsak üstteki ranzadan ayakkabıları ayağında karnımın üzerine atladı. Bu beni tamamen uyandırdı! Derken ne olduğunu anladık: Cephe bize ulaşmıştı! Ateşler kesilmeye başladı ve şafak söktü. Kampın kapısının direği üzerinde beyaz bir bayrak dalgalanıyordu.

Çok sonraları o son saatlerde bile kaderin biz son kalan birkaç tutsağı oyuncak ettiğini öğrenecektik. Özellikle de yaşam ve ölüm söz konusu olduğunda insan kararlarının ne kadar belirsiz olduğunu anlayacaktık. Bizimkinden çok uzakta olmayan küçük bir kampta çekilmiş fotoğraflar görmüştüm. O gece özgürlüğe yolculuk ettiğini zanneden arkadaşlarımız kamyonlarla bu kampa götürülmüş ve barakalara kilitlenerek ateşe verilmişlerdi. Neredeyse kömüre dönmüş bedenleri fotoğraflarda tanınır haldeydi. Yine Tahran'daki Azrail'i hatırladım.

Bir savunma mekanizması olarak rolünün yanı sıra, tutsakların umarsızlığı başka faktörlerin de sonucuydu. Uykusuzluk ve açlık (normal hayatta olduğu gibi) bu duruma ve tutsağın zihinsel durumunun başka bir niteliği olan sinirliliğe katkıda bulunuyordu. Uyku eksikliği biraz da hijyen ve temizlik sorunları yüzünden barakaları istila eden asalaklara bağlıydı. Nikotin ve kafein alamamamız da umarsızlık ve sinirliliği daha beter hale getiriyordu.

Bu fiziksel sebeplerin yanı sıra belli kompleksler gibi zihinsel nedenler de söz konusuydu. Tutsakların çoğu bir tür aşağılık kompleksinden mustaripti. Biz hepimiz, bir zamanlar "birisiydik" veya kendimizi öyle sanıyorduk. Şimdi ise bize tamamen hiçmişiz gibi davranılıyordu. (İnsanın içsel değerine ilişkin bilinci daha derin, daha manevi şeylere bağlıdır ve kamp yaşamı tarafından sarsılamaz fakat tutsaklar bir yana, özgür insanlardan kaçı bu bilince sahiptir ki?) Bunu bilinçli bir şekilde düşünmeden ortalama bir tutsak kendisini çok aşağılarda hissediyordu. Kampın sosyolojik yapısına dair gözlemlerde, bu açıkça görülüyordu. "Önde gelen" tutsaklar yani Kapolar, aşçılar, depo bekçileri ve kamp polisleri bir kural olarak kendilerini tutsakların çoğunluğunun aksine hiç de aşağıda görmüyor hatta bilakis yüceltildiklerini düşünüyorlardı! Bazıları minyatür büyüklükte hezeyanlar bile geliştirmişti. Kıskanç ve memnuniyetsiz çoğunluğun bu torpilli azınlığa karşı zihinsel tepkileri bazen şaka biçiminde bazı ifade olanakları buluyordu. Bir tutsağın başka birine bir Kapo'yu kastederek "Düşünsene! Bu adamı tanıdığımda sadece büyük bir bankanın müdürüydü. Bu kadar yükselmesi ne büyük şans, değil mi?" dediğini duymuştum.

Hor görülen çoğunluk ve torpilli azınlık çelişkiye düştüğünde (başta yemek dağıtımı olmak üzere, buna neden olacak pek çok durum oluyordu) sonuçlar korkunçtu. Bu yüzden de genel sinirlilik (fiziksel nedenleri yukarıda tartışıldı) bu zihinsel gerginlikler de eklendiğinde en şiddetli halini alıyordu. Bu gerginliklerin genellikle kavgaya dönüşmesi şaşırtıcı değildi. Tutsak sürekli dayak sahnelerine tanık olduğu için şiddete yönelik itki artıyordu. Ben de hem aç hem yorgunken öfkeye kapıldığımda yumruklarımı sıktığımı fark ediyordum. Kendi sobamızı (tifüs hastaları için barakada bulundurmamıza izin verilmişti) kendimiz yakmak zorunda olduğumuz için geceleri genellikle çok yorgun olurdum fakat yaşadığım en huzurlu saatleri de diğer herkesin deliryumda veya uykuda olduğu gecenin geç saatlerinde yaşardım. Sobanın önünde uzanır ve çalınmış kömürden yanan ateşte, aşırdığım birkaç patatesi közlerdim ancak her seferinde, ertesi gün daha da yorgun, duyarsız ve sinirli olurdum.

Tifüs bloğunda doktor olarak çalışırken, hasta olan bir kıdemli blok bekçisinin yerine bakmam gerekmişti. Bu yüzden de barakayı temiz (bu koşullar için "temiz" kelimesi uygun mu bilmiyorum) tutmaktan da sorumluydum. Barakanın sürekli olarak kontrol edilmesi, hijyenden ziyade işkence amacıylaydı. Biraz daha yiyecek ve ilacın faydası olabilirdi ama teftişe gelenlerin tek derdi koridorun ortasına atılmış saman olup olmadığı veya hastaların kirli, yırtık pırtık ve bit pire dolu battaniyelerinin yataktan taşıp taşmadığıydı. Sakinlerin kaderine karşı ise epey aldırışsızlardı. Tıraşlanmış kafamdan kepimi hızla çıkarıp topuklarımı birbirine vurarak "Baraka VI/9: Elli iki hasta, iki hemşire er ve bir doktor" diye çakı gibi talim verirsem memnun oluyorlardı ve sonra da gidiyorlardı. Onlar gelene kadar (genellikle duyuru yapıldıktan saatler sonra gelir ve bazen de hiç gelmezlerdi) battaniyeleri düz tutmak, ranzalardan düşen samanları toplamak, düzen ve temizlik konusundaki tüm çabalarımı boşa çıkaracak şekilde yataklarında dönen zavallı hastalara bağırıp çağırmak zorunda kalırdım. Umarsızlık, özellikle de ateşli hastalar arasında daha da artmıştı; bu yüzden de kendilerine bağırılmadığı zaman hiçbir tepki vermezlerdi. Bazen bu bile işe yaramazdı ve onlara vurmamak için kendimi çok zor tutardım. İnsanın kendi sinirliliği, diğerlerinin umarsızlığına karşı, özellikle de buna sebep olan tehlike (yani teftişin yaklaşması) karşısında devasa boyutlara ulaşıyordu.

Bir toplama kampı sakinin tipik özelliklerine dair sunmaya çalıştığım bu psikolojik tablo ve yapmaya çalıştığım psikopatolojik açıklamalarla, insanın tamamen ve kaçınılmaz olarak çevresinde olup bitenlerin etkisi altında olduğu izlenimini vermiş olabilirim. (Bu durumda çevresindekiler, kamp hayatının tutuklunun yaşamını belli bir kurulu düzene göre biçimlendiren özgün yapısıdır.) Peki ya insanın özgürlüğü? Herhangi bir çevrede davranış ve tepkilerin tinsel özgürlüğü söz konusu değil midir? İnsanın birçok koşulun ve çevresel faktörün (biyolojik, psikolojik veya sosyolojik) ürününden fazla bir şey olmadığını söyleyen o teori doğru mudur? İnsan bunların tesadüfi bir sonucu mudur? Daha da önemlisi tutsakların toplama kampının tekil yaşamına yönelik tepkileri, çevrenin etkilerinden kaçılamayacağını mı gösterir? İnsan bu koşullarla karşı karşıyayken hiçbir eylem seçeneğine sahip değil midir?

Bu soruları ilkesel olarak olduğu gibi deneyimlerden yola çıkarak da cevaplayabiliriz. Kamp yaşamı deneyimleri, insanların eylem seçeneği olduğunu gösterir. Genellikle kahramanlık öyküleri olsa da umarsızlığın üstesinden gelinip, sinirliliğin bastırılabileceğini gösteren birçok örnek vardır.

İnsan, bu korkunç ruhsal ve fiziksel stres koşullarında bile tinsel özgürlüğünü, zihinsel bağımsızlığını koruyabilir.

Biz, toplama kampında yaşamış olanlar, barakalar arasında gezerek diğerlerini teselli etmeye çalışan ve elindeki son ekmeği paylaşanları hatırlayabiliriz. Sayı olarak az olabilirler ama her şeyi elinden alınmış bir insandan alınamayacak bir şey olduğunun yeterli kanıtını oluştururlar: İnsan özgürlüğünün son kalıntısı olan, koşullar ne olursa olsun kendi yolunu seçme tutumunu.

Her zaman bir seçim yaparız. Her gün, her saat bizi özvarlığımızdan, içsel özgürlüğümüzden soyutlamakla tehdit eden güçlere boyun eğmeye ya da eğmemeye yönelik bir tercih sunulur bize ve bu da özgürlük ve onurumuzdan vazgeçerek, tipik bir kamp sakinine dönüşüp koşulların oyuncağı olup olmayacağımızı belirler.

Bu açıdan bakıldığında, bir toplama kampının sakinlerinin zihinsel tepkilerinin, belli fiziksel ve toplumsal koşulların yalın bir ifadesinden daha fazlası olduğu görülmelidir. Uykusuzluk, yetersiz beslenme ve çeşitli zihinsel stres gibi durumlar, sakinleri belli şekillerde davranmaya itse de son tahlilde tutsağın ne tür bir insana dönüştüğü, kamp etkisinden ziyade içsel bir kararın sonucudur. Temel olarak herhangi bir insan, bu koşullar altında bile zihinsel ve ruhsal olarak neye dönüşeceğine, ne olacağına karar verebilir. İnsan onuru toplama kampında bile korunabilir. Dostoyevski bir zamanlar, "Beni korkutan tek şey çektiklerime değmeyecek olmaktır" demişti. Bu sözcükler, kamptaki ıstırapları ve ölümleri içsel özgürlüğün asla kaybedilemeyeceğini kanıtlayan şehitleri tanıdıktan sonra sık sık aklıma geldi. Onların çektiklerine değdikleri açıktı; ıstıraplarına katlanma biçimleri gerçek bir içsel kazanımdı. Hayata anlamını ve amacını veren ve insandan asla alınamayacak olan da bu ruhsal özgürlüktür.

Etkin bir yaşam insanın üretken çalışmanın değerlerini fark etmesini sağlarken, daha pasif bir yaşam sürmek güzellik, sanat ve doğayı deneyimlemenin tatminini sunabilir ancak hayatta yaratımdan da, zevkten de yoksun olan ve yüksek ahlaktan başka bir şeyin bulunmadığı bir yaşamda da amaç vardır. Adını koymak gerekirse bu, insanın dışsal güçler tarafından zaptedilmiş varoluşuna yönelik tutumudur. Yaratıcı bir yaşam ve zevkler onun elinden alınmıştır ama anlamlı olanlar, sadece yaratıcılık ve zevk değildir. Yaşamda gerçekten bir anlam varsa, o halde ıstırapta da bir anlam olmalıdır. Istırap, kader ve ölüm gibi yaşamın alaşağı edilemez bir parçasıdır. Istırap ve ölüm olmadan insan yaşamı tam olmaz.

İnsanın kaderini ve barındırdığı tüm ıstırabı kabul etme biçimi, kendi çarmıhını yüklenmesi ona en zorlu koşullarda bile yaşamına derin bir anlam katma olanağı sunar. Cesur, onurlu ve bencillikten uzak duran biri olabilir. Kendini korumak için verdiği acı savaşta insan onurunu unutabilir ve bir hayvandan farksız bir hale gelebilir. Burada, insanın zor bir durumun sunduğu ahlaki seviyeye erişme fırsatını kullanması veya tepmesine yönelik seçim söz konusudur ve bu da onun çektiği acılara değer olup olmadığını belirler.

Bu hususların uhrevi ve gerçek yaşamdan kopuk olduğunu düşünmeyin. Bu yüksek ahlaki seviyelere sadece pek az insanın ulaşabildiği doğrudur. Tutsaklar arasında çok azı içsel özgürlüklerini tam koruyabildi ve ıstıraplarına değecek değerlere ulaşabildi ama tek bir örnek bile insanın içsel gücünün onu dışarıdaki kaderin üzerine çıkarabileceğini kanıtlamaya yeterlidir. Böyle insanlar sadece toplama kamplarında değildir. İnsan her yerde kaderle yüzleşir ve kendi ıstırabından bir şeyler kazanma şansını elde eder.

Özellikle de çaresi olmayan hastalıklara yakalananları düşünün. Bir keresinde genç bir hastanın, arkadaşına çok ömrü kalmadığını ve ameliyatın da işe yaramayacağını anlattığı bir mektup okumuştum. Ölümü cesur ve onurlu bir şekilde bekleyen bir adamın anlatıldığı bir filmi hatırladığını yazmıştı. Çocuk, ölümü böyle karşılamanın büyük bir başarı olduğunu düşünmüştü. Şimdi, diye yazıyordu, kader ona da benzer bir seçenek sunmuştu.

Tolstoy'un *Diriliş* romanından yola çıkarak yıllar önce çekilen bu filmi görmüş olanlarımız benzer şeyler düşünmüştür. Burada, büyük öyküler ve büyük insanlar vardı. Bizim için o zamanlar büyük bir öykü yoktu; böyle bir büyüklüğe ulaşma şansımız yoktu. Filmden sonra en yakındaki kafeye oturmuş ve bir bardak kahve içip sandviç yerken, bir an için aklımızdan geçen garip metafizik düşünceleri unutmuştuk ancak biz de böyle büyük bir öyküyle karşı karşıya kalıp, bunu benzer bir manevi yücelikle karşılama kararıyla yüz yüze geldiğimizde, gençlikte verdiğimiz kararları çoktan unutmuştuk ve çuvalladık.

Belki bir gün bazılarımız aynı filmi ya da benzer bir filmi tekrar izledik ancak o zamana dek, belki insanın gönül gözünün önünden hayatlarında duygusal bir filmin anlatabileceğinden daha çok şey başarmış insanlara dair başka film şeritleri geçer. Örneğin, toplama kampında ölümüne tanıklık ettiğim genç kadının öyküsü gibi insanın içsel yüceliğini anlatan başka öykülerin ayrıntıları. Aslında anlatacak çok az şey var ve kulağa doğru gelmeyebilir ama bana epey şiirsel görünüyor.

Genç kadın, önümüzdeki birkaç gün içinde öleceğini biliyordu fakat onunla konuştuğumda bu farkındalığa rağmen neşeliydi: "Kader beni bu kadar kötü vurduğu için minnettarım" demişti. "Eski hayatımda şımarıktım ve hiçbir manevi kazanımı ciddiye almazdım." Barakanın penceresinden dışarıyı gösterip, "Buradaki bu ağaç yalnızlığımın tek dostu" diyordu. Penceresinden sadece bir kestane ağacının tek dalı görünüyordu ve dalda iki çiçek açmıştı. "Sık sık bu ağaçla konuşurum" demişti bana. Şaşırmış ve bu söylediklerini nasıl yorumlamam gerektiğini bilememiştim. Deliryumda mıydı? Halüsinasyonları mı vardı? Kaygıyla ona ağacın cevap verip vermediğini sordum. "Evet." Ona ne söylüyordu? Şöyle cevapladı: "Bana diyor ki: Buradayım, ben buradayım. Ben yaşamım; sonsuz yaşam."

Bir tutsağın iç benliğinin ne durumda olduğunun, sıralanabilecek psikofiziksel nedenlerden daha ziyade nihai olarak kendi özgür seçiminin bir sonucu olduğunu ifade ettim. Tutsaklara yönelik psikolojik gözlemler, sadece ahlaki ve manevi benliklerine sıkıca tutunmayanların eninde sonunda kampın aşağılayıcı etkilerine kurban olduklarını göstermiştir. Burada sorulacak soru, bu "sıkıca tutunmayı" neyin sağlayabileceği ya da sağlaması gerektiğidir...

Deneyimlerini yazan ya da düşünen eski tutuklular, en yıkıcı etkinin bu tutsaklığın ne kadar süreceğini bilememekten kaynaklandığı konusunda hemfikir olurlar. Salınma tarihi ona söylenmemiştir. (Bizim kampta bu konuda konuşmak bile anlamsızdı.) Aslında tutsaklığın süresi sadece belirsiz değil, aynı zamanda sınırsızdı. Ünlü bir araştırmacı psikolog, toplama kampındaki yaşamın "geçici var olma" olarak adlandırılabileceğini söylemişti. Bunu "sınırı bilinmeyen geçici varoluş" şeklinde genişletebiliriz.

Yeni gelenler genellikle kamptaki koşullar hakkında hiçbir şey bilmiyorlardı. Diğer kamplardan dönenler, bu konuda sessiz kalmak zorundaydı ve bazı kamplardan kimse dönmemişti. Kampa giriş sırasında insanların zihninde bir değişim gerçekleşiyordu. Belirsizliğin sona ermesiyle birlikte, ölümün belirsizliği başlıyordu. İnsanın bu varoluş biçiminin tabii eğer sürecekse ne kadar ve nasıl süreceğini öngörmesi imkansızdı.

Finis kelimesi Latincede iki anlama gelir: Son veya bitiş ve ulaşılacak bir hedef. Kendi "geçici varoluşunun" sonunu göremeyen insan, hayatta nihai bir hedefi de amaçlayamıyordu. Yaşamayı, normal bir hayat süren insanın aksine, geleceğe ertelemişti. Bu yüzden de iç yaşantısının tüm yapısı değişmiş ve hayatın diğer alanlarından bildiğimiz çürüme işaretleri ortaya çıkmıştı. Örneğin, işsiz bir işçi de benzer durumdadır. Varoluşu geçici hale gelmiştir ve gelecek veya bir amaç için yaşayamaz. İşsiz kalmış madenciler üzerinde yapılmış bir çalışma, onların işsizlikten kaynaklanan bir tür zaman (içsel zaman) algısı sorunu yaşadığını ortaya koymuştur. Tutsaklar da bu garip "zaman deneyiminden" mustarip olurlar. Kampta küçük bir zaman dilimi, örneğin bir gün, işkence ve eziyetlerle dolu olduğu için sonsuz görünür. Daha uzun bir zaman birimi, örneğin bir hafta ise çok çabuk geçmiş gibi gelir. Kampta bir günün bir haftadan daha uzun sürdüğünü söyledim de yoldaşlarım onaylamıştı. Zaman deneyimimiz ne kadar tezattı! Bu vesileyle, Thomas Mann'ın bazı çok isabetli psikolojik tespitler içeren *Büyülü Dağ* kitabını hatırlamıştım. Mann benzer psikolojik durumda olan insanların, mesela hastaneden ne zaman taburcu olacağını bilmeyen veremlilerin manevi gelişimlerini inceler. Onlar da benzer bir varoluş durumundadır: Geleceksiz ve hedefsiz.

Tutsaklardan biri, yeni gelenlerden oluşan uzun konvoyda istasyondan kampa yürürken kendi cenazesine doğru yürüyor gibi bir hisse kapıldığını söylemişti. Hayatı ona tamamen geleceksiz görünmüştü. Halihazırda ölüymüşçesine hayatını bitmiş ve geride kalmış olarak görüyordu. Yaşamsızlık hissi diğer nedenlerle de artıyordu: Zamansal olarak tutsaklık süresinin sınırsızlığı, mekansal olaraksa hapsedilen yerin dar sınırları. Bu elektrikli tellerin ardındaki her şey uzaktı, erişilemez ve bir şekilde gerçekdışı. Dışarıdaki olaylar ve insanlar, oradaki tüm normal yaşam, tutsak için hayalsi bir yapıya bürünmüştü. Dışarıdaki yaşama, yani yaşayabildiği kısmına neredeyse başka bir yerden dünyaya bakan bir ölü gibi bakıyordu.

Gelecekte bir hedef göremediği için kendini çöküşe teslim eden bir insan, geçmişe dönük düşüncelerle meşgul olmaya başlar. Başka bir bağlamda, şimdiki zamanı tüm dehşetiyle daha az gerçek kılmak için geçmişe bakma eğiliminden bahsetmiştik ancak bugünü gerçekliğinden soyutlamak belli bir tehlike içeriyordu. Kamp hayatından olumlu bir şeyler elde etmeye yönelik fırsatları gözden kaçırmak bu şekilde kolay hale geliyordu ve bu fırsatlar gerçekten vardı. "Geçici varoluşumuzu" gerçekdışı kabul etmenin kendisi, tutsakların hayatla bağını yitirmesine sebep olan önemli faktörlerden biri haline geliyordu; her şey bir şekilde anlamsızlaşıyordu. Bu insanlar, insana kendisinin ötesinde bir manevi büyüme olanağını sağlayanın, çoğunlukla istisnai zorlukta bir dışsal durum olduğunu unutmuşlardı. Kampın zorluklarını içsel güçlerine yönelik bir sınama olarak görmek yerine hayatı ciddiye almamaya ve onu hiçbir anlamı olmayan bir şey gibi görmeye başlıyorlardı. Gözlerini kapatarak geçmişte yaşamayı tercih ediyorlardı. Bu insanlar için hayat anlamsız hale gelmişti.

Doğal olarak sadece birkaç kişi büyük manevi yüksekliklere çıkabilir ama çok azı, görünürdeki dünyevi kayıplar ve ölümlere rağmen insan yüceliğine erişme şansına sahiptir ve bu, sıradan koşullar altında asla erişebilecekleri bir nokta değildir. Geri kalanımız, yani ortalama ve gönülsüz olanlarımız için Bismarck'ın sözleri geçerli olabilir: "Hayat dişçiye gitmeye benzer. Daha kötüsünün geleceğini düşünürsün ama en kötüsü geride kalmıştır bile." Buradan yola çıkarak, toplama kampındaki birçok kişinin, hayattaki gerçek fırsatların geride kaldığına inandığını söyleyebiliriz ancak karşılarında hâlâ olanaklar ve mücadele vardı. Hayatı içsel galibiyetlere dönüştüren deneyimlerden bir zafer çıkarılabilir veya insan mücadeleyi görmezden gelip tamamen bir ot gibi yaşayabilir; tıpkı tutsakların çoğunun yaptığı gibi.

Kampın tutsak üzerindeki psikopatolojik etkisini, psikoterapötik veya psikohijyenik yöntemlerle savuşturmaya çalışmak, tutsağa ileri bakmasını sağlayacak bir gelecek hedefi benimseterek içsel gücünü artırma amacı taşır. Tutsaklardan bazıları içgüdüsel olarak kendi hedeflerini belirlemişlerdi. Sadece geleceğe bakarak yaşayabilmesi insana özgü garipliklerden biridir; *sub specie aeternitatis*. Bu da bazen zihnini bu görev için zorlaması gerekse de varoluşunun en zorlu anlarındaki kurtuluşudur.

Bir anımı hatırlıyorum. Yırtık ayakkabılar yüzünden ayaklarımda korkunç yaralar açılmıştı ve acıdan neredeyse ağlayacak haldeyken, kamptan çalışma alanına kadar birkaç kilometre topallamıştım. Çok soğuktu, acı rüzgarlar bizi döver gibiydi. Sefalet dolu hayatımızın sonu gelmez küçük dertlerini düşünüp duruyordum. Bu gece ne yiyecektik? Fazladan bir parça sosis verilirse bunu bir parça ekmekle değiş tokuş etmeli miydim? İki hafta önce kazanmış olduğum sigaraların sonuncusunu, bir kase çorba ile değiştirmeli miydim? Ayakkabı bağı olarak kullandığım parçayı onarmak için bir parça teli nereden bulabilirdim? Çalışma alanına zamanında gidip her zamanki çalışma grubuma mı katılmalıydım yoksa başka birine katılsam zalim bir ustabaşına denk gelir miydim? Bana bu dehşetli uzun yürüyüşler yerine kampta yapabileceğim bir iş ayarlayabilecek olan bir Kapo'yla aramı nasıl iyi tutabilirdim?

Her gün, her saat zorlayan bu şeylerle uğraşmak ve bu kadar önemsiz şeyleri düşünmek bende bir tiksintiye yol açmıştı. Zihnimi başka şeyler düşünmeye zorladım. Bir anda kendimi iyi aydınlatılmış, sıcak ve güzel bir derslikte kürsüde dururken buldum. Önümde, rahat sandalyelerde oturan ilgili izleyiciler vardı. Toplama kampının psikolojisi üzerine bir ders veriyordum! Beni baskı altında tutan her şey, bilimin mesafeli bakış açısından ele alınarak nesnel bir biçim almıştı. Bu şekilde, durumun üstüne, o anın ıstıraplarının ötesine geçmeyi başarmış ve onları geçmişte kalmış şeyler olarak gözlemlemiştim. Hem ben hem de zorluklarım kendi tarafımdan gerçekleştirilen ilginç bir psikobilimsel çalışmanın nesneleri halini almıştık. Spinoza, Etika'da ne der? "*Affectus, qui passio est, desinit esse passio simulatque eius claram et distinctam formamus ideam.*" Yani bize acı veren duygular, onun berrak ve kesin bir resmini çizdiğimiz anda acı olmaktan çıkar.

Geleceğe (geleceğine) yönelik inancını yitirmiş bir tutsak mahvolmuştur. Geleceğe inancını yitirdiği için manevi dayanaklarını da yitirmiş ve kendisini çöküşe bırakarak zihinsel ve fiziksel çürümenin nesnesi olmuştur. Bu genellikle bir anda, bir kriz şeklinde gerçekleşir ve belirtileri deneyimli bir kamp sakininin aşina olduğu şeylerdir. Hepimiz bu andan korkuyorduk, kendimiz için korkmanın anlamı yoktu ama arkadaşlarımız için korkuyorduk. Genellikle bir sabah, tutsağın giyinmeyi ve elini yüzünü yıkamayı veya nümayiş alanına gitmeyi reddetmesiyle başlıyordu. Hiçbir kandırma çabası, hiçbir dayak, hiçbir tehdit işe yaramıyordu. Sadece yatıyor ve neredeyse hareket bile etmiyordu. Bu krize yol açan şey hastalıksa, revire götürülmeyi veya başka bir yardımı da istemiyordu. Sadece bırakmıştı. Orada kendi dışkısının içinde yatıyor ve artık hiçbir şey onu rahatsız edemiyordu.

Bir seferinde inanç kaybı ve bu tehlikeli vazgeçiş arasındaki yakın ilişkiye çok çarpıcı bir biçimiyle tanık oldum. Kıdemli blok bekçimiz F., ünlü bir besteci ve opera metinleri yazarıydı. Bir gün bana şöyle dedi: "Sana bir şey söylemek istiyorum doktor. Garip bir rüya gördüm. Bir ses bana bir dilek hakkım olduğunu söylüyordu, sadece ne bilmek istediğimi söyleyecektim ve bütün sorularım cevaplanacaktı. Ne sordum dersin? Savaşın benim için ne zaman biteceğini sordum. Ne demek istediğimi biliyorsun doktor: Benim için!

Bizim, kampımızın ne zaman özgürleşeceğini ve ıstıraplarımızın sona ereceğini bilmek istedim."

"Bu rüyayı ne zaman gördün?" diye sordum.

"1945 senesinin Şubat ayında" dedi. O sırada mart başlangıcıydı.

"Rüyandaki ses ne yanıt verdi peki?"

Gizlice fısıldadı: "30 Mart."

F. bana bu rüyayı anlattığında, rüyasındaki sesin doğru söylediğine inanmış durumdaydı fakat vadedilen gün yaklaştıkça, kampımıza savaşla ilgili ulaşan haberler, bizim söz konusu gün serbest bırakılmamızın pek olası olmadığını gösteriyordu. 29 Mart'ta F. aniden hasta düştü ve ateşi çok yükseldi. Rüyasındaki sesin ona savaşın ve ıstırapların onun için sona ereceğini söylediği gün olan otuz martta ise deliryuma girerek bilincini kaybetti. 31 Mart'ta öldü. Dışarıdan görünen tifüsten öldüğüydü.

İnsanın zihinsel durumu (cesareti ve umudu veya bunların yokluğu) ile bağışıklığı arasında ne kadar sıkı bir bağ olduğunu bilenler, ani umut ve cesaret kaybının ölümcül bir etkisi olabileceğini kavrayabilirler. Arkadaşımın asıl ölüm nedeni, beklenen özgürleşmenin gerçekleşmemesi ve şiddetli hayal kırıklığıydı. Bu, gizli tifüs enfeksiyonuna karşı beden direncini aniden düşürdü. Gelecek umudu ve yaşama arzusu bir anda felç oldu ve bedeni hastalığa yenik düştü. Sonuçta rüyasındaki ses doğru söylüyordu.

Bu tek vaka ve bundan çıkan sonuçlar, toplama kampındaki başhekimin dikkatimi çektiği başka bir şeyle de uyumluydu. 1944 Noel'i ve 1945 yılbaşı arasında ölümler, geçmiş deneyimlere kıyasla beklenenin çok üstünde artmıştı. Ona göre bu artış zorlaşan çalışma koşulları, besin takviyesinin azalması, havaların bozulması veya yeni bir salgın dalgası ile açıklanabilir değildi. Basit olarak, tutsaklardan birçoğunun Noel'e kadar evlerinde olacaklarına dair saf umutlarıyla ilgiliydi. Noel yaklaştıkça ve cesaret verici hiçbir haber gelmedikçe, tutsaklar cesaretlerini yitirmişler ve hayal kırıklığı ile yıkılmışlardı. Bunun dirençleri üzerindeki etkisi tehlikeli olmuş ve çok sayıda tutsak ölmüştü.

Daha önce söylediğimiz gibi, kampta insanın içsel gücünü tamir etmeye yönelik çabaların ilk olarak ona bir gelecek hedefi işaret etmesi gerekir. Nietzsche'nin sözleriyle: "Yaşamak için bir nedeni olan insan her türlü nasıl'a katlanabilir." Bu, tutsaklarla ilişkili her tür psikoterapötik ve psikohijyenik çabanın itici gücü olabilir. Bulunabilecek her fırsatta, onlara yaşamları için bir neden (amaç) verilmesi, varoluşlarının korkunç nasılına katlanmalarını sağlayacak gücü sağlamak için gereklidir. Hayatında bir anlam, bir amaç, bir hedef bulunmadığını, bu yüzden de devam etmesine gerek olmadığını söyleyen kişiye acıyın; yakında kaybolacaktır. Tüm destekleyici argümanları reddeden insanın tipik cevabı şöyledir: "Artık hayattan bekleyecek bir şeyim kalmadı." İnsan buna nasıl bir cevap verebilir?

Gerçekten ihtiyaç duyduğumuz şey, hayata yönelik tutumumuzun değişmesidir. Kendimizin de bunu öğrenmesi ve dahası umutsuz insanlara hayattan ne beklediğimizin önemi olmadığını, önemli olanın hayatın bizden ne beklediği olduğunu öğretmemiz gerekir. Hayatın anlamını sorup durmak yerine, kendimizi her gün ve her saat yaşam tarafından sınanan insanlar olarak düşünmemiz gerekir. Cevabımız sözle ve meditasyonla değil, doğru eylem ve doğru tavırla olmalıdır. Hayat, nihai olarak sorunlara yönelik doğru cevaplar bulmak ve her bireyin sürekli karşısına çıkardığı görevleri tamamlamaktır.

Bu görevler, dolayısıyla hayatın anlamı da kişiden kişiye ve zamandan zamana değişir. Bu yüzden de hayatın anlamını genel olarak tanımlamak imkansızdır. Hayatın anlamına ilişkin sorular asla topyekün ifadelerle cevaplanamaz. "Hayat" belirsiz değil, çok gerçek ve somut bir şeydir; tıpkı hayatın görevlerinin çok gerçek ve somut olması gibi. Bunlar insanın, her bir kişi için farklı ve özgün olarak yazgısını oluşturur. Hiçbir insan ve hiçbir yazgı, başka bir insan ve yazgıyla kıyaslanamaz. Hiçbir durum kendini tekrar etmez ve her durum farklı bir cevap gerektirir. Bazen insanın kendisini içinde bulduğu durum, onun kendi kaderini eylemiyle değiştirmesini gerektirir. Başka zamanlarda, derin derin düşünme ve bu sayede değerlerin farkına varma fırsatını kullanması insan için daha avantajlıdır. Bazen insan sadece kaderini kabul etmek ve çarmıhını taşımak zorundadır. Her durum kendine özgüdür ve her zaman karşımızdaki durumun getirdiği sorunun doğru bir yanıtı vardır.

İnsan, kaderinin acı çekmek olduğunu fark ederse, ıstırabı kabul etmeyi de bir görev olarak benimseyecektir; bu onun tek ve kendine özgü görevidir. Istırap içinde bile evrende biricik ve yalnız olduğunun farkına varmalıdır. Kimse onu ıstırabından kurtaramaz veya ıstırabı onun yerine yüklenemez. Onun özgün fırsatı, yükünü taşıma biçimindedir.

Biz tutsaklar için bu düşünceler, gerçeklikten uzak spekülasyonlar değildi. Bunlar, bize yardımcı olabilecek yegane düşüncelerdi. Bizi, hayatımızı kurtarma şansımız olmadığında çaresizlikten korudu. Hayatın anlamı nedir diye sorduğumuz aşamayı çoktan geride bırakmıştık. Bu, yaşamı değerli bir şeyin aktif yaratımı üzerinden ulaşılacak bir amaç olarak ele alan naif bir sorgulamaydı. Bizim için hayatın anlamı, daha geniş yaşam ve ölüm, ıstırap ve ölme döngülerini kucaklıyordu.

Istırabın anlamı bize görünür olduğunda, kamptaki işkenceyle, görmezden gelerek; sahte yanılgılar arkasına saklanarak veya yapay bir iyimserlikle başa çıkmayı reddettik. Istırap artık sırtımızı dönmek istemediğimiz bir görev halini almıştı, bir şeyler kazanmak için barındırdığı fırsatla Rilke'ye şu dizeleri yazdırmıştı: "Wie viel ist aufzuleiden!" (Halledilecek ne çok acı var!) Rilke, acıyı "halletmekten" başkalarının "işleri halletmekten" bahsettiği gibi bahsetmişti. Bizim de halletmemiz gereken çok acı vardı. Bu yüzden bizim de ıstırabın tamamıyla yüzleşmemiz, zayıflık ve kaçamak gözyaşı anlarını asgaride tutmamız gerekiyordu fakat gözyaşlarımızdan utanmamızın gereği yoktu; çünkü gözyaşları insanın cesaretlerden en büyüğü olan acı çekme cesaretine sahip olduğunun kanıtıdır. Bunu pek azı fark etmiştir. Bazıları utanarak ağladıklarını itiraf ederler; tıpkı ödemden nasıl kurtulduğunu sorduğum yoldaşımın itirafı gibi: "Ağlayarak içimden attım."

Kampta mümkün olduğunda, psikoterapi ve psikohijyene yönelik çabalar ya bireysel ya da kolektifti. Bireysel psikoterapi girişimleri genellikle bir çeşit "hayat kurtarma prosedürü" şeklindeydi. Bu çabalar çoğunlukla intiharın önlenmesi amacını taşıyordu. Sıkı bir kamp kuralı, intihara yeltenen insanın kurtarılmaya çalışılmasını kesinlikle yasaklıyordu. Örneğin, kendini asmak isteyen birinin ipini kesmek yasaktı. Bu yüzden, bu girişimleri gerçekleşmeden önce önlemek gerekiyordu.

İntihara dönüşebilecek iki durumun birbirine olan şaşırtıcı benzerliğini hatırlıyorum. Her ikisi de intihar etmeyi düşündüklerini söylüyordu. Her ikisi de tipik argümanı kullanıyordu: Hayattan bekleyecek hiçbir şeyleri kalmamıştı. İki durumda da onları, hayatın hâlâ onlardan bir şeyler beklediğine; gelecekte onlardan bir şeyler bekleneceğine ikna etmek gerekiyordu. Birinin taptığı bir çocuğu olduğunu ve onu yabancı bir ülkede beklediğini öğrendik. Diğeri içinse bu, bir insan değildi. Bu adam bir bilim insanıydı ve hâlâ bitmemiş olan bir kitap dizisi yazmıştı. Çalışmalarını başka kimse devralamazdı. Tıpkı bir çocuk için, babasının sevgisinin yerini başka kimsenin sevgisinin tutamayacağı gibi...

Bu biriciklik ve teklik, her bir bireyi birbirinden farklı kılıyor ve varlığına insan sevgisi veya yaratıcı çalışma gibi anlamlar katıyordu. Bir insanın yerini başka birinin almasının olanaksızlığı anlaşıldığında, varoluşu ve yaşama devam etmesi büyük bir sorumluluk halini alıyordu. Kendisini özlemle bekleyen bir insana veya bitmemiş bir çalışmaya karşı sorumluluğunu fark eden bir insan yaşamını asla çöpe atamıyordu. Varoluşunun "neden"ini bildiği için tüm "nasıl"lara katlanabilir hale geliyordu.

Kolektif psikoterapi için kamptaki olanaklar doğal olarak kısıtlıydı. Doğru bir örnek tüm sözcüklerden daha etkili olabiliyordu. Yetkililerin tarafında olmak istemeyen kıdemli bir blok bekçisi, cesaret verici davranışlarıyla yetkisi altında olan binlerce insan üzerinde çok büyük bir ahlaki etki yaratabiliyordu. Davranışın hemen görülen sonuçları, her zaman sözlerden daha etkiliydi fakat zihinsel alıcılığın dış etkenler dolayısıyla arttığı bazı zamanlarda bir kelime bile etkili olabiliyordu. Bir olay sayesinde alıcılıkları çok artmış olan baraka sakinleriyle psikoterapötik çalışma yapmanın olanaklı hale geldiği bir durum anımsıyorum.

Kötü bir gün olmuştu. Nümayişte, bundan sonra sabotaj olarak kabul edilecek ve hemen idamla cezalandırılacak birçok eyleme dair duyuru yapılmıştı. Bunlar arasında battaniyelerimizden küçük şeritler kesmek (bilekleri sarmak için) ve küçük "hırsızlıklar" vardı. Birkaç gün önce, açlıktan ölmek üzere olan bir tutsak, biraz patates çalmak için patates deposuna girmişti. Hırsızlık fark edilmiş ve tutsaklardan bazıları "soyguncuyu" görmüştü. Kamp yetkilileri bunu duyduğunda, suçlunun onlara verilmesini, aksi takdirde tüm kampın bir gün boyunca aç bırakılacağını söylemişlerdi. Normal olarak 2 bin 500 kişi açlığı seçti.

Aç kaldığımız günün akşamında, toprak barakalarımızda moralimiz bozuk olarak yatıyorduk. Çok az şey konuşuluyordu ve her kelime çok rahatsız ediciydi. Derken, işleri daha da beter hale getirecek şekilde ışıklar söndü. Sinir gerilimi had safhaya ulaşmıştı ancak kıdemli bekçimiz bilge bir adamdı. O sırada aklımızdan geçenlerle ilgili kısa bir konuşma yaptı. Son birkaç yılda intihar eden veya hastalıktan ölen birçok yoldaştan bahsetti ama ölümlerinin asıl sebebi olabilecek şeyi de belirtti: Umudunu kaybetmiş olma. Gelecekteki olası kurbanları, bu uç duruma girmekten korumanın bir yolunu bulmayı tavsiye etti ve bunu beni işaret ederek söylemişti.

Tanrı biliyor ya, ben kimseye psikolojik açıklamalar yapacak veya moral verecek; yoldaşlarımın ruhlarını tedavi edebilecek durumda değildim. Üşümüştüm, sinirliydim ve yorgundum ama bu az bulunan fırsatı kullanmak için bir çaba harcamalıydım. Cesaretlendirme şimdi her zamankinden daha büyük bir ihtiyaçtı.

Bu yüzden de küçük bir teselliyle başladım. İkinci Dünya Savaşı'nın altıncı kışını yaşayan Avrupa'da bile, akla gelebilecek en korkunç durumda olmadığımızı söyledim. Her birimizin kendimize, o zamana kadar nasıl yeri doldurulamaz kayıplar yaşadığımızı sormamız gerektiğini söyledim. Bu kayıpların gerçekten çok fazla olmadığı ile ilgili akıl yürüttüm. "Her kim ki *hâlâ yaşıyordur,* o halde umutlanmak için sebebi vardır" dedim. Sağlık, aile, mutluluk, mesleki beceriler, servet, toplumdaki konum... Bunların her biri yeniden kazanılabilir ya da tamir edilebilirdi. Sonuçta kemiklerimiz *hâlâ* tamdı. Başımıza gelenler gelecekte bizim için kıymetli olacaktı. Nietszche'den alıntı yaptım: *"Was mich nicht umbringt, macht mich starker."* (Beni öldürmeyen şey, güçlendirir.)

Ardından gelecekten bahsetmeye başladım. Geleceğin, tarafsızların gözünden umutsuz görüneceğini söyledim. Her birimiz için hayatta kalma şansının pek az olduğunu kabul ettim. Kampta henüz tifüs salgını olmamasına rağmen, kendi şansımı yirmide bir olarak tahmin ettiğimi ifade ettim. Ayrıca onlara, tüm bunlara rağmen umudumu kaybetmeye ve vazgeçmeye niyetimin olmadığını da belirttim. Kimse gelecekte ve hatta bir sonraki saat neler olacağını bilemezdi. Önümüzdeki birkaç gün, büyük askeri olaylar beklemiyorduysak bile, kimse en azından bireysel olarak, birdenbire ne kadar büyük şansların belirebileceğini kamp deneyimini yaşamış bizlerden daha iyi bilemezdi. Örneğin, insan beklenmedik bir şekilde çok iyi çalışma koşulları olan özel bir gruba dahil edilebilirdi; bir tutsak için bu, büyük bir "şanstı."

Sadece gelecekten ve ona çekilmiş olan perdeden ise bahsetmedim. Tüm zevkleriyle geçmişten ve onun ışığının şimdiki karanlığı nasıl aydınlattığından da bahsettim ve yine (bir vaiz gibi görünmemek için) bir şiirden alıntı yaptım: "Was Du erlebst, kann keine Macht der Welt Dir rauben." (Yaşadığın hiçbir güç deneyimlerini senden alamaz.) Sadece deneyimlerimiz değil, ayrıca yaptıklarımız, sahip olduğumuz büyük düşünceler ve çektiklerimiz kaybolmadı. Geçmişte kalsa da onları var ettik. Var olmuş olmak da bir tür varlıktır, belki de en kesin biçimi.

Ondan sonra, hayata anlam katmak için karşımıza çıkan birçok fırsattan bahsettim. Hareketsiz yatan ama arada bir iç geçirdikleri duyulan yoldaşlarıma, herhangi bir koşul altında insan yaşamının hiçbir zaman anlam kaybetmediğini ve hayatın bu sonsuz anlamının ıstırap ve ölümü de kapsadığını anlattım. Barakanın karanlığında beni dinleyen zavallı dostlarımdan durumun ciddiyetiyle yüzleşmelerini istedim. Umutlarını kaybetmemeliler ve mücadelemizin umutsuzluğunun, onu onurundan ve anlamından sıyırmadığından emin olmalılardı. Zor zamanlarda, her birimizi izleyen biri (bir arkadaşın, eşimizin, ölmüş ya da hayatta olan birinin veya Tanrı'nın) olduğunu ve onları hayal kırıklığına uğratmamamız gerektiğini söyledim. Onlar bizi sefilce değil, gururla acı çekerken ve nasıl öleceğimizi bilirken görmeliydi.

Son olarak da her durumda bir anlamı olan özveriden bahsettim. Normal dünyada, maddi başarıların dünyasında faydasız görünmesi özverinin doğasında vardır fakat aslında özverimizin bir anlamı vardı. Açıkça söylemek gerekirse, herhangi bir dini inancı olanlar, bunu zorlanmadan anlayabiliyorlardı. Onlara kampa geldiğinde cennetle kendi ıstırabı ve ölümünün sevdiği insanı acılı bir sondan koruyacağı yönünde bir anlaşma yapmaya çalışan bir yoldaştan bahsettim. Bu adam için ıstırap ve ölüm anlamlıydı: Onunki derin öneme sahip bir özveriydi. Bir hiç uğruna ölmek istemiyordu. Bunu hiçbirimiz istemiyorduk.

Sözlerimin anlamı, hayatımızda hemen oracıkta, o barakada bu umutsuz durumun içinde bir anlam bulmamız gerektiğiydi. Çabalarımın başarıya ulaştığını görüyordum. Işıklar tekrar açıldığında, arkadaşlarımın teşekkür etmek için, gözlerinde yaşlarla düşe kalka bana doğru geldiklerini gördüm ama burada itiraf etmeliyim ki ıstırap içindeki yoldaşlarımla temas edecek içsel gücü çok nadiren buldum ve bu yüzden birçok fırsat kaçırdım.

Şimdi bir tutsağın zihinsel tepkilerinin üçüncü evresine geliyoruz: Tutsağın serbest bırakıldıktan sonraki psikolojisi. Ondan önce psikologlara, özellikle de bu konularda özel bilgisi olanlara sık sık sorulan bir soruyu ele alalım: Kamp gardiyanlarının psikolojik durumları hakkında ne diyebiliriz? Etten kemikten bu insanların, başka insanlara tutsakların anlattığı şekilde davranmaları nasıl mümkün olabiliyor? Bunları dinledikten ve inandıktan sonra insan, bunların psikolojik olarak nasıl mümkün olduğunu sormadan edemez. Bu soruyu çok ayrıntıya girmeden cevaplayabilmek için birkaç şeyi belirtmek gerekir.

İlk olarak gardiyanlar arasında sadistler vardı, klinik anlamda sadisttiler.

İkinci olarak sadistler, gerçekten sert bir bölüğe ihtiyaç duyulduğunda her zaman seçilirlerdi. Dondurucu soğukta iki saat çalıştıktan sonra, kuru dal parçaları ve tahtalarla yakılan küçük sobanın önünde birkaç dakika ısınmamıza izin verilmesi çalışma alanında büyük bir sevince yol açardı ancak her zaman, bu keyfi elimizden almaktan büyük bir zevk alan bir ustabaşı hazır bulunurdu. Sadece sobanın yanında durmamızı engellemekle kalmayıp, o tatlı ateşi kara dökmekten aldıkları zevk yüzlerinden açıkça okunurdu! SS, bu insandan hoşlanmamaya başladığında da talihsiz tutsakların yanına gönderileceği, sadistik işkenceler konusunda uzmanlaşmış ve bu işe tutkuyla bağlı olan birileri her zaman bulunurdu.

Üçüncü olarak, gardiyanların çoğunluğunun, kampta giderek artan vahşete tanık oldukları yıllar içinde duyguları küntleşmişti. Bu ahlaki ve zihinsel olarak katılaşmış adamlar, en azından sadistçe fiillerde etkin rol oynamayı reddediyor ancak diğerlerini bunları sürdürmekten alıkoymuyorlardı.

Dördüncü olarak da gardiyanlar içinde bile bize merhamet duyanların olduğunu belirtmeliyim. Sadece serbest bırakıldığım kamptaki komutandan bahsedeceğim. Serbest kaldıktan sonra öğrendik ki (daha önce sadece kendisi de bir tutsak olan kamp doktorunun haberi varmış)[1] bu adam,

---

1 Bu SS komutanı ile ilgili ilginç bir olay da bazı Yahudi tutsakların ona karşı tutumuydu. Savaşın sonunda Amerikalı birlikler kampımızdaki tutsakları serbest bıraktığında, üç genç Macar Yahudi bu komutanı Bavyera Ormanları'nda saklamıştı. Sonra bu SS komutanını yakalamaya çok hevesli olan Amerikan güçlerine giderek komutanın yerini sadece şartları kabul edilirse söyleyeceklerini bildirmişlerdi: Amerikalı kumandan bu adama hiçbir zarar verilmeyeceğine söz vermeliydi. En sonun-

tutsaklar için en yakındaki kasabadan ilaç getirtmek üzere kendi cebinden hiç de az olmayan paralar ödemiş. Ancak kendisi de bir tutsak olan kıdemli bekçi, tüm SS gardiyanlarından daha sertti. O, diğer tutsakları her fırsatta döverken, kamp komutanı bildiğim kadarıyla hiçbirimize el kaldırmamıştı.

Gardiyan veya tutsak olmanın tek başına bir anlam ifade etmediği açıktır. İyi kalpliliğe tüm gruplarda, hatta topluca hor görülen gruplarda bile rastlanır. Gruplar arasında sınırlar birbirine girerken, kimin melek kimin şeytan olduğunu söylemek o kadar kolay bir iş değildir. Belli ki kampın etkilerine rağmen, bir gardiyan ya da ustabaşının tutsaklara nazik davranması önemli bir şeydi. Diğer yandan, kendi arkadaşlarına kötü davranan bir tutsağın basitliği ise gerçekten mide bulandırıcıydı. Açıkça görünen şuydu ki tutsaklar bu kişilerin karaktersizliğine özellikle bozuluyor ve gardiyanların herhangi birinden gelen en ufak bir iyiliği ise çok dokunaklı buluyorlardı. Bir gün bir ustabaşının bana, kahvaltı payından gizlice ayırdığını bildiğim bir parça ekmek vermesini hatırlıyorum. Beni o sırada gözyaşlarına sürükleyen o küçük ekmek parçası değildi. Aynı zamanda bu adamın, hediyesine eşlik eden sözleri ve bakışıyla birlikte verdiği "insani" bir şeylerdi.

---

da Amerikalı subay bu genç Yahudilere, SS komutanının esir alındıktan sonra zarar görmeyeceğine söz vermişti. Bu Amerikalı subay sözünü tutmakla kalmamış, aslında toplama kampının eski SS komutanı bir şekilde komutanlığa devam etmiş; yakındaki Bavyera köylerinden giysi toplanması ve bunların bizim kadar talihli olmayıp gaz odalarına gönderilen Auschwitz kampı sakinlerinden kalan giysileri giyen bizlere dağıtılması işini yönetmiş.

Tüm bunlardan dünyada iki insan ırkı olduğu sonucuna varabiliriz. Sadece iki: Düzgün insanların oluşturduğu "ırk" ve ahlaksızların "ırkı." İkisi de her yerdeydi, toplumdaki tüm gruplara sızmış haldelerdi. Hiçbir grup tamamen düzgün ya da tamamen ahlaksız insanlardan oluşmuyordu. Bu anlamda hiçbir grup "saf ırk" değildi ve bu yüzden de kamp gardiyanları arasında bile düzgün birileri bulunabiliyordu.

Toplama kampında yaşam, insan ruhunu yırtarak derinliklerini teşhir etmişti. Bu derinliklerde de sadece yine iyi ve kötünün karışımı olan insan niteliklerine rastlamamız şaşırtıcı mıydı? İyiyi kötüden ayıran çizgi, tüm insanlardan geçer ve toplama kampı sayesinde açılan yarığın dibinde en derin noktasına ulaşır ama yine de görülebilir.

Artık toplama kampının psikolojisinde son bölüme geldik: Serbest bırakılan tutsağın psikolojisi. Doğal olarak, kişisel olan özgür kalma deneyimlerini tarif ederken günlerce süren gerginliğin ardından kamp kapılarının üzerine beyaz bayrakların çekildiği o sabaha ilişkin anılardan başlayacağız. Bu iç gerilim durumu, yerini tamamen bir rahatlamaya bırakmıştı ama sevinçten delirdiğimizi söylemek de doğru olmayacaktır. O halde ne oldu?

Biz tutsaklar, yorgun adımlarla kamp kapılarına doğru yürüdük. Ürkekçe etrafa, soru dolu gözlerle birbirimize baktık. Derken, dışarı doğru birkaç adım ilerledik. Bu sefer bize hiçbir emir verilmemiş ve bir darbeden kaçmak için çömelmemiz gerekmemişti. Oh hayır! Bu sefer gardiyanlar bize sigara tutuyorlardı! İlk başta onları zorlukla tanıdık; aceleyle sivil giysiler giymişlerdi. Kamptan çıkan yolda yavaş yavaş yürüdük. Kısa süre içinde bacaklarımız ağrımaya, bileklerimiz burkulmaya başladı. Yine de topallayarak bile olsa devam ettik: Kampın çevresini ilk defa özgür gözlerle görmek istiyorduk. "Özgürlük" diye kendi kendimize tekrarlıyor ama yine de tam kavrayamıyorduk. Bu sözcüğü, onu hayal ettiğimiz yıllar içinde o kadar çok söylemiştik ki anlamını yitirmişti. Gerçekliği bilincimize işlemiyordu; özgürlüğün elimizde olduğunu bir türlü kavrayamıyorduk.

Çiçeklerle dolu kırlara vardık. Orada olduklarını fark ediyorduk ama onlarla ilgili hiçbir şey hissedemiyorduk. İlk neşe kıvılcımı, renkli kuyruğu olan bir horozu görünce başladı ancak kıvılcım olarak kaldı; biz henüz bu dünyaya ait değildik.

Akşam yeniden barakamızda toplandığımızda biri yanındakine gizlice "Söylesene, sen bugün keyif aldın mı?" diye sordu. Hepimizin benzer şeyler hissettiğini bilmeyen diğeri utanarak "Doğruyu söylemek gerekirse, hayır!" dedi. Keyif alma becerimizi kelimenin tam anlamıyla yitirmiştik ve onu yeniden, yavaş yavaş öğrenmemiz gerekiyordu.

Serbest bırakılan tutsakların başına gelene psikolojik olarak "depersonalizasyon" adı verilebilir. Her şey, rüyadaymışız gibi gerçekdışı görünüyordu. Gerçek olduğuna inanamıyorduk. Geçmiş yıllarda rüyalarımız bizi nasıl kandırmıştı! Rüyalarımızda özgürlük gününün geldiğini görmüştük; serbest bırakıldığımızı, eve döndüğümüzü, arkadaşlarımıza kavuştuğumuzu, karımıza sarıldığımızı, bir masada karşılıklı oturup başımıza gelenleri anlattığımızı ve hatta rüyalarımızda serbest bırakıldığımızı gördüğümüzden bile bahsettiğimizi görmüştük. Sonra hep bir düdük sesi ve kalk komutu duymuştuk; özgürlük rüyamız hep sona ermişti fakat şu an gerçek olmuştu. Yine de ona inanabiliyor muyduk?

Bedenin ketlenmeleri zihinden daha azdır. Bedenlerimiz, ilk andan itibaren yeni özgürlüğün tadını çıkarmaya başlamıştı. Saatlerce bazen gecenin yarısına kadar oburca yiyorduk. İnsanın yiyebileceği miktarlar inanılmazdı ve bir tutsak çevredeki cana yakın bir çiftçi tarafından evine davet edildiğinde yiyor, içiyor ve ardından kahve içiyor; bu da dilini çözüyor ve tutsak genellikle saatlerce konuşuyordu. Zihnini yıllardır baskı altında tutan zapturapt kalkmıştı. Onu konuşurken dinleyen biri, konuşma isteğinin karşı konulmaz olduğunu düşünebilirdi. Sadece kısa süreliğine baskı altında olan kişilerde bile (örneğin, Gestapo tarafından çapraz sorguya alınanlar) benzer tepkilerin görüldüğünü biliyorum. Günler geçmişti ve sadece dilimiz değil, içimizdeki başka bir şeyler daha çözülmeye başlamıştı ve aniden onu kısıtlayan garip zincirlerden kurtuldu.

Serbest kaldıktan birkaç gün sonra bir gün, çiçekli kırları geçerek köyün içinden pazara doğru kilometrelerce yürüdüm. Tarlakuşları gökyüzüne doğru yükseliyordu ve onların neşeli şarkılarını duyuyordum. Kilometreler boyunca kimse görünmüyordu ve topraktan, gökyüzünden, tarlakuşlarının şarkısından ve hareket özgürlüğünden başka hiçbir şey yoktu. O sırada, ne kendim ne dünya hakkında doğru düzgün bir şey bilmiyor gibi aklımdan tek bir cümle ve hep aynı cümle geçiyordu: "Daracık hücremden Tanrı'ya yalvardım ve o da bana hareket özgürlüğü verdi."

Orada, ne kadar süre diz çökmüş halde kalarak bu cümleyi tekrarladığımı bilmiyorum ama o gün o saatte yeni yaşamımın başladığını biliyorum. Tekrar bir insan olana kadar adım adım ilerledim. Kamptaki son günlerin şiddetli zihinsel gerginliklerinin sonrası (ağır sinir harbinden zihinsel huzura) elbette engelsiz değildi. Bu kadar uzun bir süre, böyle bir zihinsel baskının altındaki bir insanın serbest bırakıldıktan sonra, özellikle de bu baskı aniden kalktıysa biraz tehlike altında olduğunu hesaba katmamız gerekir. Bu tehlike (bir anlamda ruh sağlığı) vurgunun psikolojik olarak benzeridir. Nasıl ki bir dalgıç devasa bir atmosferik basınç altında bulunduğu hücresinden aniden çıktığında yaşamı tehlikeye giriyorsa, zihinsel basınçtan bir anda kurtulan insanın da manevi ve ahlaki sağlığı zarar görebiliyordu.

Bu psikolojik evre sırasında, doğaları daha ilkel nitelikte olan kişilerin, onları kamp yaşamında çevreleyen vahşetin etkilerinden daha kolay kaçınabildikleri gözlemlenebiliyordu. Şimdi özgür kaldıklarına göre, bu özgürlüğü fütursuzca ve saygısızca kullanabileceklerini düşünüyorlardı. Onlar için değişen tek şey artık ezilen değil, ezen olmalarıydı. Zor kullanımın ve adaletsizliğin nesnesi değil, uygulayıcısı oldular. Davranışlarını, kendi korkunç deneyimlerine dayanarak gerekçelendirdiler. Bu genellikle görünürde önemsiz olaylarda açığa çıkardı. Bir arkadaşımla birlikte bir tarladan geçerek kampa doğru gidiyorduk ve bir anda karşımıza yeşil ekinler çıktı. Ben otomatik olarak kenardan yürüdüm ama o kolumu kavrayıp beni ekinlere doğru sürükledi. Ekinlere basmamak gerektiği ile ilgili bir şeyler mırıldandım. Rahatsız oldu ve bana öfkeli bir bakış atarak bağırdı: "Bir şey söyleme! Bizden yeterince şey alınmadı mı? Karım ve çocuğum gazla öldürüldü, diğerlerini zaten biliyorsun ve birkaç ota basmayı benden esirgiyorsun!"

Bu insanlar kendilerine yanlış yapılmış olsa bile, kimsenin yanlış yapma hakkının olmadığına yönelik sağduyuyu ancak yavaş yavaş kazanabilirdi. Onlara bu hakikati yeniden kazandırmalıydık, yoksa bunun sonuçları birkaç bin ekinin mahvolmasından daha kötü olabilirdi. Gömleğinin kollarını sıyırıp, sağ elini burnunum altında yumruk yaparak bana şöyle bağıran tutsağı hâlâ gözümün önüne getirebiliyorum: "Eve döndüğümde kana bulamazsam bu el kesilsin!" Bu sözleri söyleyen adamın kötü biri olmadığını da belirtmek istiyorum. Kampta ve sonrasında en iyi yoldaşlarımdan biri oldu.

Ruhsal baskının aniden gevşetilmesinden kaynaklanan ahlaki deformasyonun yanı sıra, özgürleşmiş tutsağın kişiliğini tehdit eden iki temel deneyim daha vardı: Eski yaşamına döndüğünde yaşadığı içerleme ve hayal kırıklığı.

İçerleme, memlekete dönünce karşılaşılan birçok şeyden kaynaklanabiliyordu. Dönüşünde sadece omuz silkmeler ve sıradan sözlerle karşılaşan kişiler içerliyor ve kendisine bunca şeyi neden yaşadığını sormaya başlıyordu. Her yerde az çok aynı ifadeleri ("Haberimiz yoktu" ve "Biz de çok çektik") duyduğunda, söyleyecek başka bir şey bulamadılar mı diye düşünüyordu.

Hayal kırıklığı ise farklıydı. Burada zalim olan, yüzeyselliği ve duygusuzluğu insanı bir deliğe girip bir daha hiçbir insanı görmemeyi ve duymamayı istetecek kadar iğrenç olan, insanlardan biri değil de kaderin kendisidir. Yıllarca olası tüm ıstırabın sınırlarına ulaştığını düşünen insan artık ıstırabın sınırı olmadığını ve hâlâ biraz daha ve hatta daha beter acılar çekebileceğini anlar.

Kamptaki bir insana cesaret vermeye yönelik girişimlerden bahsetmiş ve tutsaklara geleceği dört gözle beklemelerini sağlayacak bir şeyler gösterilmesi gerektiğini söylemiştik.

Hayatın hâlâ onu beklediğini ve bir insanın, onun dönüşünü umduğunu ona hatırlatmak gerekiyordu. Peki özgürlükten sonra? Bazı insanlar, onları bekleyen kimse olmadığını gördü. Kampta sadece anılarından cesaret bulduğu insanın artık var olmadığını öğrenen insanın vay haline! Düşlediği gün sonunda geldiğinde, onu hayal ettiği gibi bulmayan insana vahlar olsun! Belki bir trene binmiş, yıllardır zihninde canlandırdığı ve sadece o haliyle gördüğü eve gitmiş, zile basmış ve tam da binlerce kez düşlediği şeyi yapmaya hazırlanırken kapıyı açması gereken kişinin artık orada olmadığını ve bundan sonra hiç olmayacağını öğrenmiştir.

Kampta hep hiçbir dünyevi mutluluğun çektiklerimizi telafi edemeyeceğini konuşurduk. Mutluluk ummuyorduk, bize cesaret veren ve özverilerimize ve ölümlerimize anlam yükleyebilecek olan şey mutluluk değildi ama yine de mutsuzluğa hazır değildik. Hiç de az olmayan sayıda tutsağı bekleyen hayal kırıklığı, başa çıkılması çok zor bir deneyimdi ve bir psikiyatr için de bu başa çıkmaya yardımcı olmak epey zordu. Fakat bunun onun cesaretini kırmaması, bilakis ek bir uyaran sağlaması gerekiyordu.

Özgür kalmış tutsağın her biri için, kamptaki deneyimlerini düşünürken tüm bunlara nasıl katlandığını anlamadığı bir gün gelir. Nasıl ki özgürlük günü geldiğinde her şey ona güzel bir rüya gibi göründüyse, bir gün kamp anıları da kabus gibi görünür.

Eve döndükten sonra ise en güzel anlardan biri, tüm ıstırapların ardından Tanrı'dan başka korkacak hiçbir şeyin kalmadığını fark ettiğin andır.

İKİNCİ KISIM

ANA HATLARIYLA LOGOTERAPİ[2]

Kısa otobiyografik öykümü okuyanlar genellikle terapi öğretimin daha kapsamlı ve daha doğrudan bir açıklamasını isterler. Bunun için de *Ölüm Kampından Varoluşçuluğa (From Death-Camp to Existentialism)* kitabımın ilk baskısına kısa bir bölüm eklemiştim ama bu yeterli değildi ve tedaviye ilişkin daha kapsamlı açıklamalar isteyen çok insan oldu. Bu yüzden de yeni baskıda bu konudaki açıklamaları yeniden yazdım ve çok daha uzun anlattım.

Bu görev kolay değildi. Almancada yirmi cilt tutan materyalin, okuyucuya bu kadar kısa bir metinde aktarılması neredeyse imkansızdı. Bir gün Viyana'daki muayenehaneme gelerek, bana "Peki doktor siz bir psikanalist misiniz?" diye soran Amerikalı doktoru hatırladım. Ben de "Tam olarak psikanalist olmasa bile psikoterapist diyelim" diye yanıtlamıştım. O da beni sorgulamaya devam etmişti: "Hangi ekoldensiniz?"sorusunu "Bu benim kendi teorim, adı logoterapi" demiştim. "Bana bir cümleyle logoterapinin ne oldu-

---

2 Gözden geçirilerek güncellenmiş olan bu bölüm, ilk olarak İnsanın Anlam Arayışı'nın 1962 baskısında "Logoterapi'nin Temel Kavramları" adıyla yayımlandı.

ğunu anlatabilir misiniz?" diye sormuştu. "Ya da en azından psikanalizden farkını?" "Peki" dedim ve devam ettim: "Ama ilk olarak siz bana psikanalizin özünü tek bir cümleyle anlatın." Cevabı şu oldu: "Psikanaliz sırasında danışan bir divana yatarak anlatması zor olan şeyleri anlatmalıdır." Ben de hemen ardından şu açıklamayla karşılık verdim: "Logoterapide danışan dik durmalı ama bazen duyması zor olan şeyler duymalıdır."

Elbette bu sözler yarı şakaydı ve logoterapinin özeti sayılmazdı. Yine de doğru olan bir yanı var: Logoterapi, psikanalizle karşılaştırıldığında daha az geçmişe yönelik ve biraz daha içgörüye dayanan bir yöntemdir. Daha ziyade geleceğe odaklanır, yani danışanın gelecekte içini dolduracağı anlamlarla uğraşır. Aslında logoterapi, anlam odaklı psikoterapidir. Aynı zamanda nevroz gelişiminde büyük yol oynayan kısırdöngüleri ve geribildirim mekanizmalarını da devreden çıkarmaya çalışır. Bu sayede nevrotik kişinin tipik benmerkezciliği beslenip pekiştirilmek yerine kırılmaya çalışılır.

Şurası kesin ki bu tür ifadeler konuyu fazlasıyla basitleştirmektedir; yine de logoterapide danışan gerçekten de yaşamının anlamı ile yüzleşerek ona yönelir. Onun bu anlamın farkına varmasını sağlamak ise nevrozun üstesinden gelme becerisine önemli katkılar sağlar.

Teorim için neden "logoterapi" ismini seçtiğimi açıklamak istiyorum. *Logos*'un Yunancadaki karşılığı "anlam"dır. Logoterapi veya bazı yazarlar tarafından isimlendirildiği üzere "Üçüncü Viyana Psikoterapi Okulu" insanın anlam arayışı kadar, insan varoluşunun anlamına da odaklanır. Logoterapiye göre, insanın yaşamında anlam bulma çabası temel motivasyonel gücüdür. Bu yüzden de anlam isteminin, Freudcu psikanalizin dayandığı haz ilkesinin olduğu kadar "üstünlük istenci" terimini kullanan Adlerci psikolojinin odağındaki güç istencinin de karşısında olduğunu söylüyorum.

ANLAM İSTENCİ

İnsanın anlam arayışı içgüdüsel itkilerin bir "ikinci ussallaştırılması" değil, hayatının temel motivasyonudur. Bu anlam, bireye özgü ve özeldir; bu yüzden de sadece onun tarafından karşılanabilir ve ancak o zaman kendi anlam istencini tatmin eden bir varlık kazanabilir. Anlam ve değerlerin 'savunma mekanizmaları' olduğunu, 'karşıt tepkiden ve yüceleştirmeden başka bir şey olmadığını' öne süren yazarlar vardır. Ben kendi hesabıma, nasıl ki sadece "savunma mekanizmalarım" adına yaşamak istemezsem, "karşıt tepkilerim" uğruna ölmek de istemezdim. Diğer yandan insan kendi idealleri ve değerleri uğruna yaşamak ve hatta ölmek yetisine sahiptir!

Birkaç yıl önce Fransa'da bir kamuoyu araştırması yapılmıştı. Bu araştırmaya göre, insanların yüzde 89'u uğruna yaşayacakları 'bir şeye' ihtiyaç duyduklarını itiraf etmişti. Daha da ötesi, yüzde 61'i yaşamlarında uğruna ölmeye bile hazır oldukları bir şey ya da biri olduğunu söylemişti. Bu anketi Viyana'da çalıştığım hastanede, danışanlar ve personel arasında tekrarlamış ve Fransa'da binlerce insandan elde edilene benzer sonuçlar elde etmiştim: Fark sadece yüzde 2 civarındaydı.

Johns Hopkins Üniversitesi'nden sosyal bilimciler, 48 farklı üniversiteden 7 bin 948 öğrenciye başka bir istatistiksel anket uyguladı. Ön raporları, Ulusal Ruh Sağlığı Enstitüsü tarafından desteklenen iki yıllık bir çalışmanın parçasıydı. Kendileri için neyin 'çok önemli' olduğu sorulan öğrencilerin yüzde 16'sı 'çok para kazanmak' şıkkını işaretledi; yüzde 78'i ise 'hayatımda bir anlam ve amaç bulmak' şıkkını tercih etti.

Elbette bireyin değerlerle uğraşının, aslında altta yatan içsel çatışmaları gizlediği durumlar vardır ancak bunlar bir kaideyi değil, kaidenin istisnalarını oluşturur. Bu vakalarda, gerçekte uğraşmamız gereken şey sahte değerlerdir ve bunların maskelerinin indirilmesi gerekir. İnsanda kendiliğinden ve hakikatli olanla, örneğin insanın hayatını mümkün olduğu kadar anlamlı kılma isteğiyle yüzleşildiği anda maskeyi indirme işleminin bırakılması gerekir. Doğru zamanda durulmazsa, "maske indiren psikoloğun" gerçekte indirdiği tek maske, kendi "gizli güdüsü" yani insanda hakikatli olan şeyleri temelsizleştirip çökertmeye yönelik bilinçdışı ihtiyacı olacaktır.

VAROLUŞSAL ENGELLENME

İnsanın anlam istenci engellenebilir de. Bu durumda logoterapi "varoluşsal engellenmeden" bahseder. "Varoluşsal" terimi üç şekilde kullanılabilir: (1) Varoluşun kendisinden bahsederken, özellikle de insan varlığı söz konusu olduğunda; (2) varoluşun anlamından bahsederken ve (3) kişisel varoluşta somut bir anlam bulma çabasından, yani anlam istencinden bahsederken.

Varoluşsal engellenme nevroza yol açabilir. Logoterapi bu tip nevrozlar için, örneğin psikojenik nevrozlar gibi kelimenin geleneksel anlamındaki nevrozlara zıt olarak, "noöjenik nevroz" terimini ortaya atmıştır. Noöjenik nevrozların kökeni insan varlığının psikolojik değil, daha ziyade (Yunancada zihin anlamına gelen noö'dan yola çıkarak) "noölojik" boyutlarında yatmaktadır. Bu, özellikle de insan boyutuna ait olan herhangi bir şeye işaret edebilecek başka bir logoterapötik terimdir.

NOÖJENİK NEVROZLAR

Noöjenik nevrozlar, itkiler ve içgüdüler arasındaki çatışmalardan ziyade varoluşsal sorunlardan kaynaklanır. Anlam istencinin engellenmesi bu sorunlar arasında önemli bir rol oynar.

Noöjenik vakalar için uygun ve yetkin terapi biçimi genel psikoterapiden ziyade, özellikle insan boyutuna eğilme cüreti gösteren logoterapidir.

Başıma gelen bir olayı anlatmak istiyorum: Üst düzey bir Amerikalı diplomat, Viyana'daki muayenehaneme gelerek beş yıl önce, New York'ta bir analistle başladığı psikanalizine devam etmek istediğini söyledi. Ona ilk olarak neden analize girmek istediğini, yani ilk başta analize neden ihtiyaç duyduğunu sordum. Ortaya çıktı ki danışan kariyerinden memnun değildi ve Amerika'nın dış politikasına uyum sağlamakta zorlanıyordu ancak analisti ona tekrar tekrar babasıyla barışması gerektiğini söylüyordu çünkü ABD hükümeti ve onun üstleri birer baba imgesinden 'başka bir şey' değildi ve sonuç olarak işinden memnuniyetsizliği babasına karşı bilinçsiz olarak beslediği nefretle ilgiliydi. Beş yıl süren analiz boyunca, danışan analistin yorumlarını kabul etmek için her geçen gün sürekli uğraş vermek zorunda kaldı ve en sonunda da semboller ve imgelerden oluşan ağaçlar yüzünden, ormanı göremez hale geldi. Birkaç görüşmenin ardından anlam istencinin, işi tarafından engellendiği açıkça görünür oldu ve başka bir işe geçmek istemeye başladı. Mesleğini bırakarak başka bir işe başlaması için görünürde hiçbir neden yoktu ama o böyle yaptı ve çok da olumlu sonuçlar elde etti. Yakın zamanda bildirdiği üzere, beş seneyi doldurduğu yeni işindeki mutluluğu devam ediyor. Bu vakada nevrotik bir durumla çalıştığımdan şüpheliyim ve bu yüzden de herhangi bir türden psikoterapiye ve hatta logoterapiye bile ihtiyaç duymadım çünkü çok basit bir şekilde, bu kişi bir hasta değildi. Her çatışma mutlaka nevrotik değildir; biraz çatışma normal ve sağlıklıdır. Bu tıpkı ıstırabın her zaman patolojik bir fenomen veya nevroz belirtisi olmamasına, bilakis varoluşsal engellenmeden kaynaklanıyorsa, bir kazanıma yol açabilmesine benzer. İnsanın, varoluşunun anlamını aramasının ve hatta ondan şüphe etmesinin bile her durumda, herhangi bir hastalıktan kaynaklanacağına veya hastalığa yol açabileceğine şiddetle karşı çıkıyorum. Varoluşsal engellenme, kendi başına patolojik ya da patojenik değildir. İnsanın hayatın yaşamaya değer olup olmadığına ilişkin kaygıları ve hatta umutsuzluğu varoluşsal bir sıkıntı olmakla birlikte bir akıl hastalığı değildir. Varoluşsal sıkıntıyı bir akıl hastalığı olarak yorumlamak, bir doktoru danışanının varoluşsal çaresizliğini sakinleştirici ilaçlarla gömmesine yol açabilir. Onun görevi daha ziyade danışanı büyümeye ve gelişmeye yönelik varoluşsal krizde yönlendirmek olmalıdır.

Logoterapi, danışanın hayatta anlam bulmasına yardımcı olmayı görev edinir. Madem logoterapi onun, varoluşunun gizli mantığının farkına varmasını sağlar, o halde analitik bir süreçtir. Buraya kadar logoterapi ile psikanaliz benzerlik gösterir ancak logoterapi bir şeyi yeniden bilince çıkarma çabası etkinliğini bireyin bilinçdışındaki içgüdüsel olgularla sınırlı tutmaz ve varoluşunun potansiyelindeki anlam kadar anlam istenci gibi varoluşsal gerçeklikleri de önemser. Fakat herhangi bir analiz, terapötik sürece noölojik boyutu da katmayı başardığında, danışanın varlığının derinliğinde özlem duyduğu şeylerin farkına varmasını sağlar. Logoterapi, insanı itki ve içgüdülerin giderilmesi ve doyumunun; id, ego ve süperego arasındaki çatışmaları uzlaştırmanın veya toplum ve çevreye uyum ve intibakın peşinde olmaktan ziyade, bir anlamı karşılamaya çalışan bir varlık olarak tanımasıyla psikanalizden ayrılır.

NOÖDİNAMİKLER

Şurası kesin ki insanın anlam arayışı, bir iç dengeden ziyade içsel gerilime yol açabilir ancak bu gerilimin, akıl sağlığının vazgeçilmez bir öncülü olduğu kesindir. İddia ediyorum ki dünyada en kötü koşullarda bile hayatta kalabilmek için hayatın bir anlamı olduğu bilgisinden daha etkili olabilecek bir şey yoktur. Nietzsche'nin şu sözleri çok şey söyler: "Yaşamak için bir nedeni olan her türlü nasıl'a katlanabilir." Ben bu sözlerde herhangi bir psikoterapi için geçerli olan bir parola görüyorum. Nazi toplama kamplarında, hayatta kalmaya en yatkın olanların, yerine getirecekleri bir görevleri olduğunu bilenler olduğuna tanık oldum. Aynı sonuca toplama kampı ile ilgili yazılan başka kitapların yazarları kadar Japonya, Kuzey Kore ve Kuzey Vietnam'daki savaş esirleri kamplarına yönelik psikiyatrik incelemelerde de varılmıştır. Kendim için konuşacak olursam, Auschwitz'teki toplama kampına götürüldüğümde, basılmaya hazır durumda olan elyazmalarıma el konulmuştu.[3] Bu çalışmayı yeniden yazmaya yönelik büyük isteğim, beni içinde bulunduğum kampın zorluklarından kesinlikle korudu. Örneğin, Bavyera'daki kampta, tifüs ateşinden yataklara düştüğümde özgürlük gününe kadar yaşayabilirsem diye, küçük kağıt parçalarına çalışmamı yeniden oluşturmamı sağlayacak notlar almıştım. Bavyera toplama kampının karanlık barakalarında, kayıp çalışmamı yeniden oluşturma çabalarımın, beni kardiyovasküler iflas tehlikesinden koruduğuna eminim.

Buradan yola çıkarak akıl sağlığının, insanın şimdiye kadar edindikleri ile hâlâ edinmesi gerekenler veya insanın şimdi ne olduğu ve ne olması gerektiğine ilişkin bir miktar gerilim gerektirdiği anlaşılabilir. Böyle bir gerilim, insanda içkin olarak bulunmaktadır ve bu yüzden de zihinsel iyi olma hali için vazgeçilmezdir. O halde, insanın karşısına karşılaması gereken potansiyel bir anlam çıkarmak için tereddüt etmemeliyiz ancak bu şekilde güç istencini gizil durumundan çıkarabiliriz. Akıl sağlığının, insanın en öncelikli ihtiyacı olan denge veya biyolojideki adıyla "homeostaz" yani herhangi bir gerilim olmayan durum ile sağlanabileceğine yönelik görüşü tehlikeli buluyorum. İnsanın gerçekte ihtiyacı olan, gerilimin olmadığı bir durum değil kayda değer bir hedef, özgürce seçilmiş bir görev uğruna uğraş ve mücadeledir. İhtiyaç duydu-

3 Bu, İngilizce çevirisi 1955'te Alfred A. Knopf tarafından New York'ta *The Doctor and the Soul: An Introduction to Logotherapy (Doktor ve Ruh: Logoterapiye Giriş)* adıyla basılan ilk kitabımın ilk versiyonuydu.

ğu şey, ne pahasına olursa olsun gerilimden kurtulmak değil, onun tarafından karşılanmayı bekleyen potansiyel bir anlamın çağrısıdır. İnsanın ihtiyacı homeostazden ziyade benim "noödinamik" adını verdiğim varoluşsal dinamiktir. Bu dinamik, bir kutbun karşılanması gereken anlamı, diğer kutbun ise bunu karşılayacak insanı temsil ettiği iki kutuplu bir gerilim yüzeyinde durur. Bu durumun sadece normal koşullarda geçerli olduğu düşünülmemelidir: Nevrotik bireylerde daha bile geçerlidir. Bir mimar zayıflamış bir kirişi güçlendirmek isterse, üzerindeki yükü artırarak parçaların birbirine daha sıkı geçmesini sağlar. Terapistler de danışanlarının akıl sağlığını güçlendirmek istiyorlarsa, insanın yaşamındaki anlama yeniden yönelmesi üzerinden bir miktar gerilim yaratmaktan korkmamalıdır.

Anlama yönelmenin yararlı etkilerini gösterdiğime göre, bugünlerde birçok hastanın şikayet ettiği bir histen, yani hayatlarının tamamen ve mutlak olarak anlamsız olduğu hissinden bahsetmek istiyorum. Bu hastalar, uğruna yaşayacakları bir anlamın farkındalığından yoksundurlar. Kendi içsel boşlukları, kendi içlerindeki bir delik tarafından ele geçirilmiş ve tuzağa düşürülmüşlerdir. Ben buna "varoluşsal boşluk" adını veriyorum.

VAROLUŞSAL BOŞLUK

Varoluşsal boşluk, yirminci yüzyılda yaygın görülen bir durumdur. Aslında bu şaşırtıcı değildir: İnsanın gerçekten insan olmaya başladığından beri geçirdiği iki yanlı bir kayba bağlı olarak ortaya çıkabilir. İnsanlık tarihinin başlangıcında, insan hayvani davranışlara yol açan ve bu sayede emniyetini sağladığı temel hayvansal içgüdülerinin bir kısmını yitirdi. Cennete benzer bu emniyet alanı, insana sonsuza dek kapatıldı ve insan seçimler yapmak zorunda kaldı. Buna ek olarak, insanın yakın zamandaki gelişimi sırasında, davranışlarının payandası olan gelenekler de artık hızla kaybolmaktadır. Ona ne yapması gerektiğini söyleyen hiçbir içgüdü ve nasıl davranması gerektiğini söyleyen hiçbir gelenek kalmadı; hatta bazen ne yapmak istediğini bile bilmiyor. Bunun yerine ya diğerlerinin yaptıklarını (konformizm) ya da diğerlerinin ondan istediklerini (totaliteryanizm) yapmak istiyor.

Yakın zamanda yapılmış bir anket çalışması Avrupalı öğrencilerimin yüzde 25'inin bir şekilde varoluşsal boşluk hissettiğini göstermiştir. Amerikalı öğrencilerim arasında ise bu oran 25 değil, yüzde 60'tı. Varoluşsal boşluk, kendini en belirgin olarak bir can sıkıntısı halinde gösterir. Artık Schopenhauer'in, insanın acı ve can sıkıntısı uçları arasında sonsuz bir gidiş gelişe mahkum olduğunu söylerken ne kastettiğini anlayabiliriz. Aslında can sıkıntısı, psikiyatrlara çözmek üzere, acıdan daha fazla sorun sunar. İlerleyen otomasyon teknolojileri, ortalama bir işçiye daha fazla boş zaman bırakacağı için bu sorunlar da giderek daha hayati hale gelmektedir. Burada üzücü olan, bu işçilerden birçoğunun bu boş zamanla ne yapacaklarını bilemeyecek olmalarıdır. Örneğin "pazar nevrozu", iş haftasının yoğunluğu geride kalıp, içlerindeki boşluk kendini belli ettiğinde hayatlarındaki içeriksizliğin farkına varan insanların durumunu tanımlayan bir depresyon türüdür. İntiharın çok da az olmayan bu kısmı bu varoluşsal boşluğa atfedilebilir. Depresyon, saldırganlık ve bağımlılık gibi yaygın durumlar, altlarında yatan varoluşsal boşluğu tanımadığımızda anlaşılır değildir. Bu aynı zamanda emekliler ve yaşlıların da krizidir.

Daha da ötesi altında varoluşsal boşluğu saklayan birçok maske ve kılıf vardır. Bazen anlam istencinin engellenmesi, en ilkel formu olan para istemi de dahil güç istenci ile telafi edilmeye çalışılır. Başka durumlarda anlam arayışının engellenmesi haz istencine yol açar. Varoluşsal engellenmenin genellikle cinsel telafi çabalarına yol açmasının nedeni de budur. Bu vakalarda cinsel libidonun varoluşsal boşluk içinde şaha kalktığını görürüz.

Nevrotik vakalarda da benzer bir olay gerçekleşir. Daha sonra değineceğim belli geribildirim mekanizmaları ve kısırdöngü oluşumları görülür. Belirti tablosunun varoluşsal boşluğa sızdığı ve yeniden yeşerdiği tekrar tekrar gözlenebilir. Bu tür danışanlarda uğraşmamız gereken şey noöjenik nevroz değildir ancak psikoterapi, logoterapi tedavisi ile desteklenmediği sürece bu danışanın bu durumun üstesinden gelmesini asla sağlayamayız. Varoluşsal boşluğun doldurulması danışanın nükslerini engelleyecektir. Bu yüzden de logoterapi sadece yukarıda tarif edilen noöjenik vakalar için değil, aynı zamanda psikojenik ve hatta somatojenik nevrozlar için de önerilmelidir. Bu açıdan bakıldığında bir zamanlar Magda B. Arnold'un ifade ettiği şu cümle daha mantıklı hale gelir: "Her terapi, ne kadar kısıtlı olursa olsun biraz logoterapi olmalıdır."[4] Şimdi danışan, hayatın anlamının ne olduğunu sorarsa ne cevap vereceğimizi konuşalım.

---

4 Magda B. Arnold ve John A. Gasson, *The Human Person*, Ronald Yayınları, New York, 1954, s. 618

HAYATIN ANLAMI

Bir doktorun bu soruyu genelgeçer ifadelerle cevaplayabileceğinden şüpheliyim çünkü hayatın anlamı insandan insana, günden güne ve hatta saatler içinde değişebilir. O yüzden de önemli olan genel olarak hayatın anlamı değil, insanın hayatının verili bir andaki özel anlamıdır. Bu soruyu genelgeçer bir şekilde cevaplamak, bir satranç şampiyonuna şunu sormaya benzer: "Söylesene usta, dünyadaki en iyi hamle nedir?" Bir oyundaki durumdan ve rakibin kişiliğinden bağımsız olarak belirlenebilecek en iyi hamle, hatta iyi hamle diye bir şey yoktur. Aynısı, insan varoluşu için de geçerlidir. Herkes hayatında tamamlanması gereken bir ödevi beraberinde getiren bir iş veya misyonla karşı karşıyadır. Kimsenin yerine başkası geçemez ve kimse hayatını tekrar yaşayamaz. Bu yüzden de herkesin hem görevi hem de bunu yerine getirmek için olanakları özgündür.

Hayatta her durum, insana bir mücadele alanı ve çözülmesi gereken bir sorun sundukça hayatın anlamı değişebilir. Temel olarak insanın kendine, hayatının anlamının ne olduğunu sormak yerine, bu sorunun muhatabının kendisi olduğunu anlaması gerekir. Herkes hayat tarafından bir sorguya çekilir ve hayatı sadece kendi hayatıyla, kendi sorumluluğuyla cevaplayabilir. Logoterapi, insan varoluşunun özünü sorumluluk duygusunda bulur.

VAROLUŞUN ÖZÜ

Sorumluluğa yönelik bu vurgu, logoterapinin kesin buyruğunun nedenidir: "Halihazırda ikinci kez yaşıyormuşçasına ve ilk seferinde, şimdi olduğu gibi yanlış hareket etmek üzereymişsiniz gibi yaşayın!" İnsanın sorumluluk duygusunu, onu ilk olarak şimdiki anın geçmiş olduğunu, ikinci olarak da bu geçmişin değiştirilebilir ve onarılabilir olduğunu hayal etmeye çağıran bu şiardan daha iyi tetikleyebilecek bir şey düşünemiyorum. Bu kaide, insanı hayatın sonluluğu kadar kendisinin ve hayatın dönüştürülebilirliğinin kesinliğiyle yüzleştirir.

Logoterapi, danışanın kendi sorumluluklarının tam olarak farkına varmasını sağlar ve bu yüzden de bu sorumluluğun ne olduğu, neye veya kime karşı olduğu seçimlerini ona bırakmalıdır. Bu da logoterapiyi, danışana değer yargısı dayatmaya en az yatkın ekol kılar çünkü danışanın yargılama sorumluluğunu doktora bırakmasına hiçbir durumda izin vermez. Bu nedenle de hayatını topluma mı kendi bilincine mi karşı bir sorumluluk olarak yorumlayacağı tamamen danışana kalmıştır ancak hayatlarını kendilerine verilmiş bir görev üzerinden değil, bu görevi ona verenler üzerinden değerlendiren insanlar vardır.

Logoterapi, bir öğretme veya vaaz verme işi değildir. Mantıksal çıkarımdan olduğu kadar ahlaki dayatmalardan da uzak durur. Mecazen ifade etmek gerekirse, logoterapist tarafından oynanan rol, bir ressamdan ziyade göz doktorunun işine benzer. Ressam bize kendi gördüğü şekliyle dünyanın bir resmini aktarmayı amaçlarken, göz doktoru dünyayı gerçekten olduğu gibi görmemizi sağlamaya çalışır. Logoterapinin rolü, danışanın görme alanını genişleterek, olası anlamların tamamının bilince çıkmasını ve görülebilir olmasını sağlar.

İnsanın sorumluluk taşıdığını ve hayatının potansiyel anlamını gerçekleştirmesi gerektiğini söylerken, hayatın anlamının insanın kendi içinde kapalı bir sistemde değil, dünyada keşfedilmesi gerektiğini vurgulamaya çalışıyorum. Bu kurucu niteliğe "insan varoluşunun kendini aşması" adını veriyorum. İnsan olmak, her zaman kendi dışında bir şeye veya birine (bu bir anlam veya bir insan olabilir) işaret etmek veya ona yönelmek anlamına gelir. İnsan kendini, ister bir davaya hizmet ederek ister başka bir insanı severek, ne kadar unutursa o kadar insanlaşır ve kendini o kadar gerçekleştirir. Kendini gerçekleştirme denilen şey, ulaşılabilir bir hedef değildir çünkü çok basit olarak insan bunun için ne kadar çaba gösterirse o kadar uzağında kalır. Başka bir deyişle, kendini gerçekleştirme sadece kendini aşmanın bir yan etkisi olarak mümkündür.

Şimdiye dek hayatın anlamının sürekli değiştiğini ama hiç kaybolmadığını gösterdik. Logoterapiye göre hayatın anlamını üç farklı yolla keşfedebiliriz: (1) Bir üretimde bulunarak veya bir iş yaparak, (2) bir şeyi deneyimleyerek ya da biriyle temas ederek ve (3) kaçınılmaz olan ıstıraba karşı aldığımız tavırla. İlkinin bir kazanım ve edinim biçimi olduğu çok açıktır. İkinci ve üçüncünün biraz daha ayrıntılandırılması gerekir. Hayatta anlam bulmanın ikinci yolu iyilik, hakikat veya güzellik gibi bir şeyi, doğayı ve kültürü veya en önemlisi başka bir insanı biricikliğiyle deneyimlemek, onu sevmektir.

SEVGİNİN ANLAMI

Sevgi, bir insanı kişiliğinin en derinlerine kadar kavramanın tek yoludur. Kimse başka bir insanın derinliklerini onu sevmediği sürece kavrayamaz. Sevgisi aracılığıyla sevilen kişinin önemli yanlarını ve özelliklerini anlama becerisi kazanır ve hatta ondaki henüz açığa çıkmamış ama gerçekleşmesi gereken potansiyeli görebilir. Onun yapabileceklerine ve neye dönüşmesi gerektiğine ilişkin farkındalık kazanarak bu potansiyelin gerçekleşmesini sağlar. Logoterapide sevgi, cinsel itki ve içgüdülerin bir yüceltme biçimindeki epifenomeni[5] olarak ele alınmaz. Sevgi de cinsellik gibi temel bir fenomendir. Normalde cinsellik, sevginin bir ifade biçimidir. Cinsellik, sevginin bir aracı olarak sadece gerekçesini bulmakla kalmaz, ayrıca kutsallaştırılır. Böylece sevgi, cinselliğin sadece bir yan etkisi olarak ele alınmaz; daha ziyade cinsellik, aşk adı verilen nihai birliktelik deneyiminin bir ifadesidir.

Hayatta bir anlam bulmanın üçüncü yolu ise ıstıraptır.

ISTIRABIN ANLAMI

Hayatta çaresiz bir durumla, değiştiremeyeceğimiz bir kaderle karşı karşıya kalmakta da anlam bulunabileceğini hiç unutmamamız gerekir. Bu zamanlarda önemli olan kişisel bir trajediyi bir zafere, kötü bir vaziyeti bir kazanıma dönüştürmeye dair insana özgü potansiyele tanıklık etmektir. Bir durumu değiştiremeyeceğimiz zaman (örneğin, ameliyat edilemez bir kanser gibi tedavisi olmayan bir hastalıkla karşı karşıya olduğumuzda) kendimizi değiştirmek zorunda kalırız.

Buna tam oturan bir örnekten bahsedeyim: Bir gün yaşlı bir hekim bana şiddetli depresyonu yüzünden başvurdu. Her şeyden çok sevdiği karısının iki yıl önceki ölümünü atlamamıştı. Şimdi ben ona nasıl yardımcı olabilirdim? Ona ne

---

5 Temel bir fenomenin sonucu olarak gerçekleşen bir fenomen.

demeliydim? Aslında ona herhangi bir şey söylemek yerine karşısına şu soruyu çıkardım: "Siz önce ölseydiniz ve eşiniz sizin ardınızdan hayatta kalmak zorunda olsaydı ne olurdu doktor?" "Onun için korkunç olurdu, kimbilir ne kadar acı çekerdi!" diye yanıtladı. Ardından ben de "Görüyorsunuz ya doktor, o bu acıdan kurtuldu ve onu bundan kurtaran sizsiniz. Elbette hayatta kalanın siz olması ve onun ardından yas tutmanız pahasına." Tek kelime etmeden elimi sıktı ve muayenehanemden sakin bir şekilde ayrıldı. Bazen ıstırap bir anlam, örneğin özveri gibi bir anlam bulduğu anda ıstırap olmaktan çıkar.

Elbette bu, tam olarak bir terapi değildi. İlk olarak doktorun çaresizliği bir hastalık değildi, ikinci olarak da onun kaderini değiştiremez ve eşini diriltemezdim ancak o konuşmada, onun değişmez kaderine olan yaklaşımını değiştirmeyi başarmıştım; o andan sonra en azından ıstırabında bir anlam görmeye başlamıştı. Logoterapinin temel dayanaklarından biri, insanın temel amacının haz almak veya acıdan kaçmak değil, hayatında anlam bulmak olduğudur. İnsanın, ıstırabın bir anlamı olduğu sürece ıstıraba razı olmasının nedeni budur.

Şunu da net olarak ifade etmeliyim ki ıstırap, anlam bulmak için mutlaka gerekli değildir. Sadece anlamın ıstıraba rağmen mümkün olduğunu ısrarla söylemek istiyorum (elbette ıstırabın kaçınılmaz olduğu durumlarda). Kaçınılmaz olduğunda ise yapılacak en anlamlı hareket onun nedenini ister psikolojik, ister biyolojik, ister politik olsun ortadan kaldırmaktır. Gereksiz yere acı çekmek kahramanlık değil, mazoşizmdir.

Ölümünden önce Georgia Üniversitesi'nde psikoloji profesörü olan Edith Weisskopf-Joelson, logoterapi üzerine yazdığı makalede şöyle demişti: "Günümüzün ruh sağlığı felsefesi, insanın mutlu olması gerektiğini ve mutsuzluğun bir uyumsuzluk belirtisi olduğunu vurgular. Bu tür bir değer sistemi, kaçınılmaz mutsuzluğun getirdiği yükün, bu mutsuzluğa dair mutsuzlukla artmasından sorumlu olabilir."[6] Başka bir makalede ise logoterapinin "ABD'nin bugünkü kültüründe, çaresi olmayan acılardan mustarip olanların, ıstıraplarından gurur duymaları ve bunları aşağılayıcı değil, ulvileştirici deneyimler olarak görmek için çok az fırsat tanınan ve böylece insanın sadece mutsuz olmakla kalmayıp, mutsuzluktan utanç duymasına yol açan bazı sağlıksız trendlerin etkisini azaltmaya yardımcı olabileceğine"[7] yönelik umutlarını ifade etmiştir.

İnsanı, işini yapmaktan ve hayattan zevk almaktan alıkoyan durumlar vardır ama asla bertaraf edilemeyecek olan şey ıstırabın kaçınılmazlığıdır. Cesaretle ıstırap çekmeyi göze almak, son anına kadar hayatın anlamlı olmasını ve bu anlamın sonuna kadar korunmasını sağlar. Başka bir deyişle, hayatın anlamı koşulsuz bir anlamdır çünkü kaçınılmaz ıstırabın potansiyel anlamını içerir.

Toplama kampında yaşadıklarım arasında belki de en derin deneyimi yaşatan olayı anlatayım: Kampta hayatta kalma şansı, istatistiklerin de doğruladığı üzere yirmi sekizde bir-

---

6 "Some Comments on a Viennese School of Psychiatry," *The Journal of Abnormal and Social Psychology*, 51 (1955), s. 701 - 3

7 "Logotherapy and Existential Analysis," *Acta Psychotherapeutica*, 6 (1958), s. 193-204.

den fazla değildi. Auschwitz'e götürüldüğümde, paltomun içine sakladığım ilk kitabımın elyazmalarının kurtarılması ihtimal dahilinde görünmüyordu. Bu yüzden de zihinsel evladımın kaybına katlanmak ve bunun üstesinden gelmek durumundaydım. O zaman hiçbir şey ve hiç kimse beni yaşatamaz gibi gelmişti; ne fiziksel ne zihinsel herhangi bir çocuk bile! Böylece kendimi bu tür koşullar altında, hayatımın tamamen anlamdan yoksun olup olmadığı sorusuyla karşı karşıya bulmuştum.

Tutkuyla boğuştuğum bu sorunun cevabının zaten içimde hazır bulunduğunu ve kısa süre sonra bu cevabı bulacağımı henüz fark etmemiştim. Bu cevabı kendi giysilerimi teslim edip, karşılığında Auschwitz'e varır varmaz gaz odasına gönderilen birinin eski giysilerini aldığım zaman bulmuştum. Elyazmasının onlarca sayfasına karşı yeni edindiğim paltonun cebinde İbranice bir dua kitabından yırtılmış olan tek bir sayfa bulmuştum. Bu sayfada en önemli Musevi duası olan Şema Yisrael vardı. Böyle bir "tesadüfü" düşüncelerimi kağıda yazmak yerine yaşamda sınanmak haricinde nasıl yorumlayabilirdim?

Kısa bir süre sonra bana yakında ölecekmişim gibi gelmeye başlamıştı ancak bu kritik durumda kaygılarım, yoldaşlarımın çoğundan farklıydı. Onların sorusu şuydu: "Kamptan sağ çıkabilecek miyiz? Çıkamazsak tüm bu acıların bir anlamı olmayacak." Benim kafamı kurcalayan soru ise şöyleydi: "Bunca acının, bunca ölümün bir anlamı var mı? Eğer yoksa o halde yaşamın da bir anlamı yoktur çünkü anlamı hasbelkader kaçıp kurtulmaya bağlı olan bir yaşam nihai anlamda yaşamaya değmez!"

METAKLİNİK SORUNLAR

Artık daha fazla insan psikiyatrlara, nevrotik belirtilerden ziyade kendilerini zora sokan insani sorunlar nedeniyle başvuruyor. Bugünlerde psikiyatra başvuru yapanların bazıları geçmişte rahip, papaz veya hahamlara gidebilirlerdi. Artık bir din insanına kendilerini teslim etmeyi reddediyor ve bunun yerine doktorlara "Hayatımın anlamı nedir?" gibi sorularla geliyorlar.

BİR LOGODRAMA

Bir olaydan bahsetmek istiyorum: On bir yaşındaki oğlunu kaybetmiş bir kadın, bir intihar girişiminin ardından hastaneye yatırılmıştı. Dr. Kurt Kocourek, onu bir terapi grubuna davet etti ve ben de tesadüfen onların psikodrama yaptığı odaya girmiş bulundum. Kadın hikayesini anlatıyordu. Oğlunun ölümünün ardından, geçirdiği çocuk felci nedeniyle engelli olan büyük oğluyla baş başa kalmıştı. Zavallı çocuk tekerlekli sandalyedeydi. Annesi kaderine isyan ediyordu. Birlikte intihar etmeyi önerdiğinde, onu bundan alıkoyan engelli oğlan olmuştu: Yaşamayı seviyordu! Onun için hayat, anlamını sürdürüyordu. Annesi için neden böyle değildi? Annesinin hayatı da nasıl anlamlı hale gelebilirdi? Biz kadına bunun farkına varması için nasıl yardımcı olabilirdik?

Doğaçlama şekilde tartışmaya katıldım ve gruptaki başka bir kadına sorular sormaya başladım. Ona kaç yaşında olduğunu sordum ve "Otuz" dedi. Dedim ki: "Hayır, otuz değil seksen yaşındasın ve ölüm döşeğindesin ve geriye dönüp hayatına bakıyorsun, çocuğun olmadı ama hayatın maddi başarılar ve sosyal prestijle dolu." Ondan bu durumda ne hissedeceğini hayal etmesini istedim. "Ne düşünürdün? Kendine ne derdin?" O seansta alınan bir ses kaydı sayesinde size tam olarak ne söylediğini aktarabilirim: "Ah bir milyonerle evlendim, zenginlik içinde kolay bir hayatım oldu ve dolu dolu yaşadım! Erkeklerle flört ettim; onlarla takıldım ancak şu an seksen yaşındayım ve çocuğum yok. Yaşlı bir kadın olarak geriye dönüp baktığımda, tüm bunların ne için olduğunu anlayamıyorum; aslında hayatım heba olmuş!"

Ardından engelli çocuğun annesinden kendi hayatına benzer şekilde bakmasını istedim. Yine onun dediklerini banttan dinleyelim: "Çocuklarım olsun istedim ve bu dileğim gerçek oldu: Bir oğlum öldü ve diğeri, engelli olan, ben ona bakamazsam bir kuruma yerleştirilecekti. Engelli ve çaresiz olmasına rağmen sonuçta o benim oğlum. Bu yüzden de ona dolu dolu bir hayat sundum: Oğlumun iyi bir insan olmasını sağladım." O anda gözyaşlarına boğuldu ve devam etti: "Ben kendi hesabıma hayatıma huzurla bakabilirim çünkü hayatım anlam doluydu ve bu anlamları sağlamak için çok çalıştım: Elimden geleni yaptım, oğlum için elimden geleni yaptım. Hayatım heba olmadı!" Ölüm döşeğindeymiş gibi hayatına bakarak, bir anda onda bir anlam bulmuştu; tüm ıstıraplarını içeren bir anlam. Yine aynı sebeple kısa süren bir hayatın, örneğin kaybettiği oğlunun hayatının, keyif ve sevgiyle dolu zengin bir hayat olabileceğini ve seksen yıl süren uzun bir yaşamdan daha fazla anlam barındırabileceğini de görmüştü.

Bir süre sonra, bu sefer grubun tamamına hitaben başka bir soru sordum. Soru, bir çocuk felci ilacı geliştirme çalışmasında kullanılan ve bu amaçla delik deşik edilen bir maymunun bu acıda bir anlam bulup bulamayacağıydı. Gruptaki herkes elbette bulamayacağını çünkü sınırlı zekasıyla insan dünyasına, yani ıstırabın anlamının kavranabilir olduğu tek dünyaya giremeyeceğini söyledi. Sonra şu soruyu sordum: "Peki ya insan? İnsanın, evrenin evrimindeki son nokta olduğuna emin misiniz? Hâlâ başka bir boyut olabileceği, insanın dünyasının ötesinde, ıstıraba ilişkin sorunun cevabını bulabileceği bir dünya olabileceği fikri size nasıl geliyor?"

ÜSTANLAM

Bu nihai anlam, insanın sınırlı entelektüel kapasitelerini aşar ve onlara üstün gelir: Bu bağlama logoterapide üstanlam adı verilir. Bazı varoluşçu filozofların öğretilerine göre, insandan asıl beklenen, hayatın anlamsızlığına katlanmak değil; koşulsuz anlamlılığını rasyonel anlamda kavrama yetisinden yoksunluğuna katlanmaktır. *Logos* (anlam) mantıktan (logic) daha derindir.

Üstanlam kavramını es geçen bir psikiyatr, eninde sonunda hastalarına karşı mahcup olacaktır. Tıpkı altı yaşındaki kızımın beni şu soruyla utandırması gibi: "Neden Tanrı'nın iyi olduğunu söylüyoruz?" Ona demiştim ki: "Birkaç hafta önce kızamık geçirdin ve Tanrı iyi olduğu için seni tamamen iyileştirdi." Küçük kız ise bu cevaptan memnun olmadı: "İyi de baba unutma ki bana kızamığı gönderen de oydu."

Ancak bir danışan dinsel inançların sağlam zemininde durduğu zaman, dinsel kabullerinin terapötik etkilerini kullanmakta ve onu bu sayede manevi kaynaklarını kullanmaya yöneltmekte hiçbir sakınca yoktur. Bunu yapmak için psikiyatr, kendini hastanın yerine koymalıdır. Ben de Doğu Avrupalı bir haham bana öyküsünü anlattığında aynen böyle yapmıştım. Auschwitz'te karısı ve altı çocuğu gaz odalarında öldürülmüştü ve şimdi de ortaya çıkmıştı ki ikinci karısı kısırdı. Üremenin hayatın tek anlamı olmadığını gözlemlemiştim, zira sadece kendini yeniden üretmeyle anlamlı hale gelebilseydi hayatın kendisi anlamsız olurdu. Fakat haham, katı bir Yahudi olarak kendi durumunu, öldükten sonra arkasından Kaddiş[8] okuyacak bir oğlu olmadığı için umutsuz buluyordu.

Yine de vazgeçmedim. Ona çocuklarını yeniden cennette görmeyi umup ummadığını sordum ancak bu sorum gözyaşlarına neden oldu ve umutsuzluğunun asıl nedeni ortaya çıktı: Çocuklarının masum şehitler olarak öldükleri için cennetteki en yüksek noktaya alınacaklarını ancak yaşlı ve günahkar bir adam olan kendisinin aynı yere gönderilmeyeceğini anlattı.[9] Vazgeçmedim ama geri adım attım: "Peki, çocuklarının yaşamının anlamı tam da bu olamaz mı? Çocukların gibi masum olmasan da bunca yıl çektiğin acılarla arınarak sonunda onlara cennette katılamaz mısın? Tanrı'nın hiçbir gözyaşını unutmadığı Zebur'da (Psalms) yazmıyor mu? Belki de çektiklerinin hiçbiri boşa değildi."[10] Bunca yıldır ilk defa ona sağladığım yeni bakış açısı sayesinde biraz teselli buldu.

HAYATIN GEÇİCİLİĞİ

8 Bir cenaze duası.

9 L'kiddush basbem, yani Tanrı'nın adıyla.

10 Çektiğim acıları kaydettin; gözyaşlarımı tulumunda biriktirdin! Bunlar defterinde yazılı değil mi? (Psalm 56.)

İnsan hayatından anlamı çekip çıkaran durumlara sadece ıstırap değil, aynı zamanda ölümler de dahildir. Hayatın gerçekten geçici olan yegane şeylerinin olanaklar olduğunu söylemekten hiç yorulmayacağım ama olanaklar da hayata geçirildikleri anda gerçeklikler haline gelir ve korunarak geçicilikten kurtuldukları geçmişin parçası olur; çünkü geçmişteki hiçbir şey geri dönüşsüz olarak kaybedilmiş değil, sonsuza kadar saklanmıştır.

Bu yüzden de varoluşumuzun geçiciliği onu hiçbir şekilde anlamsız kılmaz ama sorumluluk getirir çünkü her şey bizim tamamen geçici olan olasılıkları fark etmemiz ve hayata geçirmemize bağlıdır. İnsan sürekli o andaki potansiyeller toplamı içinde bir seçim yapar: Bunlardan hangileri yokluğa mahkum edilecek ve hangileri gerçekleştirilecektir? Hangi seçim bir gerçekliği "zamanın kumları içinde ölümsüz bir ayak izine" dönüştürecektir? İnsan her zaman varoluşunun anıtının ne olacağına ilişkin iyi ya da kötü bir seçim yapar.

Elbette insan genellikle geçiciliğin anız tarlasını görürken geçmişteki çalışmasının, zevklerinin ve neşesinin sonuçlarıyla dopdolu olan ambarları unutur. Hiçbir şey olmamış kılınamaz ve hiçbir şey tamamen yok olamaz. Olmuş olanın en kesin varlık durumunda olduğunu belirtmeliyim.

İnsan varoluşunun geçiciliğini hiç aklından çıkarmayan logoterapi kötümser değil, eylemci bir yaklaşımı benimser. Bu noktayı daha iyi açıklamak için şöyle diyebiliriz: Kötümser insan duvar takviminden her gün bir sayfa yırtarken, geride kalanların incelmesini korku ve üzüntüyle fark eden bir insana benzer. Diğer yandan hayatın sorunlarına aktif olarak saldıran insan ise takvimden her yırttığı sayfanın arkasına günlük bazı notlar aldıktan sonra düzgünce diğerlerinin yanında dosyalar. Bu notlarda yazılanlar dolu dolu yaşadığı hayatı yansıtır ve o da bunlara gurur ve keyifle bakabilir. Yaşlandığını fark etmesi onun için neyi değiştirecektir? Gördüğü gençlere imrenmek veya geride kalan gençliğine nostaljiyle bakmak için bir nedeni var mıdır? Neden genç bir insanı kıskansın ki? Genç bir insanın sahip olduğu tüm olasılıklar ve gelecek onun zaten haznesindedir. "Teşekkür ederim, kalsın" diye düşünür. "Olasılıklar yerine geçmişimdeki gerçeklikler var, sadece yapılan işlerin değil, aynı zamanda hissettiğim sevginin ve cesaretle katlandığım acıların kayıtları var. Bu acılar, kimsede kıskançlık uyandırmasa bile benim en büyük gurur kaynaklarımdır."

BİR TEKNİK OLARAK LOGOTERAPİ

Ölüm korkusu gibi gerçekçi bir korku, psikodinamik yorumlarla yatıştırılamaz: Diğer yandan agorafobi gibi nevrotik bir korku da felsefi bir kavrayışla iyileştirilemez fakat logoterapi, bu vakalarla çalışmak için de özel bir teknik geliştirmiştir. Bu tekniğin kullanımı sırasında olanları anlamak amacıyla başlangıç noktası olarak nevrotik bireylerde sıklıkla gözlenen bir durumu, yani beklenti kaygısını ele alacağız. Bu korkunun özelliği, tam olarak da hastanın korktuğu şeye yol açmasıdır. Örneğin bir birey, büyük bir salona girip kalabalık bir insan grubuyla karşı karşıya geldiğinde kızarıp bozarmaktan korkuyorsa, bu koşullarla karşılaştığında kızarıp bozarmaya daha yatkın olacaktır. Bu bağlamda "Arzu, düşüncenin babasıdır" şiarını "Korku, olayın anasıdır" şeklinde çevirebiliriz.

İronik olarak, tıpkı korkunun korkulan şeyi getirmesi gibi zoraki bir niyet de insanın kuvvetle arzuladığını imkansız kılar. "Aşırı niyet" durumu özellikle de cinsel nevrozlarda gözlenebilir. Bir erkek cinsel gücünü veya bir kadın orgazm olabilme yeteneğini sergilemek için ne kadar uğraşırsa, o kadar başarısız olur. Zevk, bir yan etki veya yan üründür ve öyle kalmalıdır; bir hedef haline getirildiği ölçüde kaybolur veya bozulur.

Yukarıda tarif edildiği gibi aşırı niyetin yanı sıra aşırı dikkat veya logoterapideki adıyla "aşırı düşünme" hali de patojenik olabilir, yani hastalığa neden olabilir. Ne demek istediğimi aşağıdaki klinik raporla anlatacağım: Genç bir kadın bana frijit olduğu şüphesiyle geldi. Vaka öyküsü gösterdi ki çocukluğunda babasının cinsel istismarına maruz kalmıştı ancak onun cinsel nevrozuna neden olan sadece bu kolayca bağ kurulabilecek travmatik deneyim değildi. Popüler psikanalitik yayınları okuyan danışan, sürekli olarak bu travmatik deneyimin bir gün ona nelere mal olacağı korkusuyla yaşıyordu. Beklenti kaygısı, hem kadınlığını onamak yönünde aşırı bir niyete hem de partnerinden ziyade kendisine odaklanan bir aşırı dikkate neden olmuştu. Bu da danışanın cinsel zevkin doruklarına çıkmasını engellemeye yeterdi çünkü orgazm, partnerine düşünmeden adanma ve teslimiyetin niyet edilmeyen bir etkisi olmaktan ziyade bir niyet ve dikkat nesnesine dönüşmüştü. Kısa süreli logoterapinin ardından, hastanın orgazm yaşamaya yönelik aşırı dikkat ve niyeti başka bir logoterapi deyişi ile "düşünce odağından çıkarıldı." Dikkati doğru nesneye, yani partnerine odaklandığında orgazm kısa sürede kendiliğinden oluştu.[11]

Logoterapi, tekniğini korkunun korkulan şeyi getirdiği ve aşırı niyetin de insanın arzu ettiği şeye kavuşmasını imkansız kıldığı yönündeki iki taraflı olguya dayandıran "tezat niyet"-te temellendirir. Almancada tezat niyeti 1939'da tanımlamıştım.[12] Bu yaklaşımda fobisi olan danışanın çok kısa bir süre için bile olsa korktuğu şeye niyetlenmesi söylenir.

Bir vakadan daha bahsedeyim. Genç bir hekim, bana terleme korkusu nedeniyle başvurmuştu. Terleyeceğini düşündüğü her anda, beklenti kaygısı onu aşırı terletmeye yetiyordu. Bu kısırdöngüyü kırmak için hastaya terlemenin tekrarlayacağını hissettiği anda insanlara bilerek ve isteyerek ne kadar terleyebileceğini göstermesini istedim. Bir hafta sonra bu beklenti kaygısını tetikleyen biriyle karşılaştığı anda "Daha önce sadece bir litre terledim ama şimdi en az on litre terleyebilirim!" diye düşündüğünü anlattı. Sonuçta bu fobiyi dört yıl çektikten sonra, tek bir seansla kendini bir hafta içinde özgürleştirmeyi başarmıştı.

Okuyucu, bu prosedürün danışanın tutumunu tersine çevirmek kadar, korkusunu tezat bir arzuyla değiştirmeyi

---

11 Cinsel iktidarsızlık vakalarını tedavi etmek için yukarıda anlatılan aşırı niyet ve aşırı düşünme teorisine dayanan özel bir logoterapi tekniği geliştirilmiştir. (Viktor E. Frankl, "The Pleasure Principle and Sexual Neurosis," *The International Journal of Sexology*, Cilt. 5, No. 3 [1952], s. 128-30). Elbette ki bu teknik, logoterapinin ilkelerine dair bu kısa sunumda anlatılamaz.

12 "Viktor E. Frankl, "Zur medikamentosen Unterstützung der Psychotherapie bei Neurosen," *Schweizer Archiv für Neurologie und Psychiatrie*, Cilt. 43, s. 26-31.

içerdiğini fark etmiştir. Bu tedavi ile kaygı değirmeninin suyu kesilir.

Ancak bu tür bir prosedür kendini uzaklaştırmaya dair, mizah duygusunda belirgin olan insana özgü beceriyi kullanmak zorundadır. Tezat niyet adı verilen logoterapi tekniği ne zaman kullanılsa insanın kendisinden uzaklaşması gerçekleşir. Aynı zamanda danışan, nevrozuna da belli bir mesafe alır. Bununla uyumlu bir ifade Gordon W. Allport'un kitabı, *Birey ve Dini* adlı eserinde de bulunur: "Kendisine gülmeyi öğreten bir nevrotik başa çıkabilme, belki de iyileşme yolundadır."[13] Tezat niyet Allport'un ifadesinin, ampirik geçerlileştirilmesi ve klinik uygulamasıdır.

Birkaç başka vaka raporu da bu yöntemin netleştirilmesine fayda sağlayacaktır. Aşağıdaki, birçok doktor ve birçok klinikten tedavi almış ama hiçbirinden fayda görmemiş bir muhasebecinin öyküsüdür. Benim çalıştığım hastane bölümüne getirildiğinde, korkunç bir çaresizlik içindeydi ve intihara çok yaklaştığını itiraf etti. Birkaç yıldır, artık çok şiddetli hale gelmiş olan ve onu işini kaybetme tehlikesi ile karşı karşıya bırakan bir parmak krampından şikayetçiydi. Bu yüzden de bu durumu kısa süreli terapi ile gidermeliydik. Tedavinin başlangıcında Dr. Eva Kozdera, hastaya genellikle yaptığının tam aksini yapmasını söyledi; yani düzgün ve okunaklı yazmaya çalışmak yerine olabilecek en kargacık burgacık yazıları yazacaktı. Kendisine şöyle demesi tavsiye edildi: "Şimdi insanlara ne kadar kötü bir yazım olduğunu göstereceğim!" Özellikle kötü yazmaya çalıştığı o anlarda ise bunu yapma-

13 New York, The Macmillan Co., 1956, s. 92.

sı mümkün olmamıştı. "Karalamaya çalıştım ama yapamadım" demişti ertesi gün. Bu yolla hasta kırk sekiz saat içinde parmak krampından kurtulmuş ve tedavinin ardından gelen gözlem sürecinde de durumu değişmemişti. Tekrar mutlu bir adam olmuş ve işini devam ettirmişti.

Benzer bir vaka, bu sefer yazma yerine konuşmayla ilgili olarak, Viyana Poliklinik Hastanesi'nin Larengoloji Bölümü'nden bir meslektaşım tarafından bana yönlendirilmişti. Tüm meslek hayatı boyunca gördüğü en kötü kekemelik vakasıydı. Danışan, hayatı boyunca tek bir an haricinde hep konuşma zorluğu yaşamıştı. Bu istisna, o on iki yaşındayken bir tramvaya asıldığında gerçekleşmişti. Kondüktör tarafından yakalandığında sıvışmanın tek yolunun kendini acındırmak olduğunu düşünmüş ve zavallı kekeme bir çocuk olduğunu göstermeye çalışmıştı ama kekelemeye çalıştığı o anda bunu yapamamıştı. Böyle bir niyeti olmadan ve terapötik amaçlar olmaksızın tezat niyeti uygulamıştı.

Yine de bu sunum, tezat niyetin sadece tek belirtili vakalarda faydalı olduğunu düşündürmemelidir. Bu logoterapötik teknik sayesinde Viyana Poliklinik Hastanesi'ndeki kadromuz, çok şiddetli olan ve çok uzun süredir devam eden obsesif kompülsif nevrozu bile tedavi etmeyi başardı. Örneğin, altmış yıldır yıkama kompülsiyonundan mustarip olan altmış beş yaşındaki bir hastada, Dr. Eva Kozdera tezat niyet aracılığıyla logoterapiye başladı ve iki ay sonra, hasta normal bir hayat sürüyordu. Viyana Poliklinik Hastanesi'ne sevk edilmeden önceki hayatının "bir cehennem" olduğunu söyleyen hasta, kompülsiyonu ve bakterifobik obsesyonu yüzünden tüm gün yataktan çıkmıyor ve hiçbir iş yapamıyordu.

Şu anda tüm belirtilerinden kurtulduğunu söylemek doğru olmaz çünkü obsesyonu hâlâ aklına geliyor ancak artık kendi söylediğine göre, bununla ilgili "şaka yapabiliyor", yani tezat niyet uyguluyor.

Tezat niyet, uyku bozukluğu vakalarına da uygulanabilir. Uykusuzluk korkusu,[14] uykuya dalmak yönünde bir aşırı niyete yol açar ve bu da danışanın uykuya dalamamasına neden olur. Bu korkuyu aşmak için genellikle kişiye, uyumaya çalışmamasını ve hatta aksine mümkün olduğu kadar uzun süre ayakta kalmaya çalışmasını öneririm. Başka bir deyişle uyuyamamakla ilgili beklenti korkusundan kaynaklanan aşırı niyet, uyumamak yönündeki tezat niyetle değiştirilmelidir ve bu da kısa süre sonra uyumayı sağlayacaktır.

Tezat niyet, her derde deva bir ilaç değildir. Yine de obsesif kompülsif ve fobik durumları tedavi ederken, özellikle de altında yatan bir beklenti kaygısı olduğunda faydalı bir araç olduğu görülmüştür. Daha da ötesi, kısa süreli bir terapötik araçtır ancak bu kısa süreli terapinin, sadece geçici terapötik etkilere neden olduğu sanılmamalıdır. Emil A. Gutheil'dan alıntıyla: "Freudcu ortodoksluğun en yaygın yanılsamalarından biri, sonuçların kalıcılığının tedavi süresiyle orantılı olduğudur."[15] Örneğin benim dosyalarımda, tezat niyetin yirmi yıldan fazla bir süre önce uygulandığı ve terapötik etkinin kalıcılığının kanıtlandığı bir vaka raporu var.

Tezat niyetle ilgili en önemli gerçeklerden biri de bunun, vakanın etiyolojisinden bağımsız olarak etkili olmasıdır. Bu,

---

14 Uykusuzluk korkusu çoğunlukla hastanın, organizmanın kendisine ihtiyaç duyduğu uykunun asgarisini sağladığını bilmemesinden kaynaklanır.

15 American Journal of Psychotherapy, 10 (1956), s. 134.

bir zamanlar Edith Weisskopf-Joelson tarafından yazılan şu ifadeyi doğrular: "Geleneksel psikoterapi, terapötik uygulamaların etiyolojik bulgularla temellendirilmesi gerektiğinde ısrarcı olsa da erken çocuklukta belli faktörler nevroza neden olabilirken, yetişkinlikte tamamen farklı faktörler nevrozu iyileştirebilir."[16]

Nevroza yol açan nedenlerin dışında gerçek nedenlerin de, ister somatik ister psişik olsun, beklenti kaygısı gibi geribildirim mekanizmalarının temel patojenik faktör olduğu görülmüştür. Verili bir belirtiye fobi ile yanıt verilmiş; fobi, belirtiyi tetiklemiş ve belirti de sonuçta fobiyi artırmıştır. Benzer bir olaylar zinciri, kişinin onu ele geçiren düşüncelerle savaştığı obsesif kompülsif vakalarda da görülür.[17] Böylelikle baskı karşıt baskıyı artırdığı için, bunların onu rahatsız etme gücünü de artırır. Belirti yine pekiştirilmiştir! Diğer yandan danışan, obsesyonlarına karşı savaşmayı durdurduğu ve onlarla dalgacı bir üslupla başa çıkmaya çalıştığı zaman, yani tezat niyet uyguladığında kısırdöngü kesilir, belirti azalır ve sonuçta ortadan kaybolur. Belirtiyi çağıran ve ortaya çıkaran varoluşsal boşluğun olmadığı durumlarda, hasta sadece nevrotik korkusuyla dalga geçmeyi değil, eninde sonunda onu tamamen görmezden gelmeyi de başaracaktır.

---

16 "Some Comments on a Viennese School of Psychiatry," *The Journal of Abnormal and Social Psychology*, 51 (1955), s. 701-3.

17 Bu genellikle danışanın, obsesyonunun yaklaşmakta olan ve hatta başlamış olan bir psikozun göstergesi olduğu yönündeki korkusu ile tetiklenir: Danışan, obsesif kompülsif bozukluğun onu gerçek bir psikoz tehlikesine sürüklemek bir yana, bundan koruduğunun farkında değildir.

Görüldüğü gibi, beklenti kaygısının tezat niyet, aşırı niyet ve aşırı düşünmenin de düşüncenin odağından çıkararak karşılanması gerekmektedir ancak düşüncenin odağından çıkarma, danışanın işine ve hayattaki misyonuna yönelmesini sağlamadan mümkün olmamaktadır. [18]

Döngüyü kıran, nevrotiğin ne kendine odaklanması ne acıması ne de kendini hakir görmesidir; iyileşmenin anahtarı kendini aşmasıdır.

KOLEKTİF NEVROZ

Her çağa özgü bir kolektif nevroz ve bununla başa çıkmaya özgü bir psikoterapiye ihtiyaç vardır. Günümüzün kitlesel nevrozu olan varoluşsal boşluk, nihilizmin özel ve kişisel bir biçimi olarak tanımlanabilir; zira nihilizm, varlığın hiçbir anlamı olmadığı tezi ile tanımlanabilir. Psikoterapi için konuşmak gerekirse, kendisini nihilistik felsefenin çağdaş trendlerinin etkisinden korumadığı sürece, kitlesel nevrozun çaresi olmak bir yana, bir belirtisi haline gelecektir. Psikoterapi bu durumda sadece nihilistik felsefeyi yansıtmakla kalmayacak, aynı zamanda istemeden de olsa danışanlarına insanın gerçek bir resmini değil, karikatürünü sunacaktır.

İlk olarak insanın biyolojik, psikolojik ve sosyolojik koşulların bir sonucu veya kalıtsallık ve çevrenin bir ürünü olmak dışında bir hiç olduğunu öne süren teori tehlikelidir. Bu görüş, nevrotiğin inanmaya yatkın olduğu şeye, yani dış etkiler

---

18 Bu iddia, Allport tarafından şu ifadelerle desteklenmiştir: "Çabanın odağı çatışmadan bencil olmayan amaçlara kaydırıldığı zaman, nevroz tamamen ortadan kalkmasa bile yaşam bir bütün olarak daha tutarlı hale gelir" (op. cit., s. 95).

veya iç koşulların bir kurbanı olduğuna inanmasını kolaylaştırır. Nevrotik kadercilik, insanın özgür olduğunu yadsıyan bir psikoterapi anlayışı tarafından güçlendirilir.

Elbette insan varlığı sonlu ve özgürlüğü de kısıtlıdır. Önemli olan ise koşullardan özgürleşme değil, koşullara karşı bir duruş alabilmektir. Bir zamanlar söylediğim gibi: "Hem psikiyatri hem nöroloji profesörü olarak insanın biyolojik, psikolojik ve sosyolojik koşullara ne kadar teşne olduğunu biliyorum ancak iki alanda profesör olmanın yanı sıra dört toplama kampından sağ çıktım ve insanın akla gelebilecek en korkunç koşullara karşı cesaretinin ve dayanma gücünün ne kadar beklenmedik güçte olabileceğine de tanıklık ettim."[19]

PANDETERMİNİZMİN ELEŞTİRİSİ

Psikanaliz, sıklıkla panseksüelizm ile suçlanır. Bu yaklaşımın yerinde olduğundan kuşkuluyum ancak psikanalizde, bence bundan daha sorunlu ve tehlikeli görülen başka bir varsayım var ki buna "pandeterminizm" diyebiliriz. Bununla insanın herhangi bir koşulda bir duruş alma kapasitesini hiçe sayan insan görüşünü kastediyorum. İnsan tamamen koşullanmış ve belirlenmiş değildir, daha ziyade koşullara teslim olmaya veya onlara karşı gelmeye kendi karar verir. Başka bir deyişle insan, tamamen kendi belirlenimindedir. Alalelade bir şekilde var olmaz; her zaman varoluşuna ne olacağını ve bir sonraki anda neye dönüşeceğini seçer.

---

19 "Value Dimensions in Teaching," Hollywood Animators, Inc. tarafından California Junior College Association için çekilen bir renkli televizyon filmi.

Aynı şekilde her insan her an değişmekte özgürdür. Bu yüzden de insanın geleceğini ancak bir grubun tamamını kapsayan bir istatistik çalışma çerçevesinde yordayabiliriz ancak bireysel kişilik, yordanamazlığını koruyacaktır. Her türlü yordamanın temeli biyolojik, psikolojik ve sosyolojik koşullarla temsil edilebilir. Yine de insan varoluşunun en temel özelliklerinden biri bu koşulların üstüne çıkabilmek ve onları yenebilmektir. İnsan, dünyayı mümkünse iyiye götürmeye muktedirdir ve kendisini de gerekirse iyiye doğru değiştirebilir.

Dr. J.'den bahsetmeme izin verin. Hayatım boyunca karşılaştığım insanlar arasında Mefistovari bir varoluşa sahip şeytani diyebileceğim tek kişiydi. O sıralarda genel olarak "Steinhof'un katliamcısı" (Viyana'daki büyük hastane) olarak biliniyordu. Naziler, ötanazi programını başlattıklarında, tüm ipleri eline aldı. Kendisine verilen göreve tutkuyla bağlıydı ve tek bir psikotik kişinin bile gaz odalarından kaçamamasını sağlamak için canla başla çalıştı. Savaştan sonra Viyana'ya döndüğümde, Dr. J.'ye ne olduğunu sordum "Ruslar tarafından Steinhof'un tecrit hücrelerinden birine hapsedildi" dediler. "Ancak ertesi gün hücrenin kapısını açık bulmuşlar ve Dr. J. bir daha hiç görünmedi." Daha sonraları, diğerleri gibi ben de onun yoldaşlarının yardımıyla birçok başka Nazi gibi Güney Amerika'ya kaçtığına ikna oldum ancak yakın zamanda, Demir Perde hapishanelerinde yıllarca kalmış bir Avusturyalı diplomat benim danışanım oldu. Önce Sibirya'da, sonra da Moskova'nın meşhur Lubyanka zindanında kalmıştı. Nörolojik muayenesi sırasında, Dr. J.'yi tanıyıp tanımadığımı sordu. Tanıdığımı söyledikten sonra devam etti: "Onu Lubyanka'da tanıdım. Orada mesane kanserinden kırk yaşında öldü ama ölmeden önce tanıyabileceğiniz en iyi yoldaştı! Herkese teselli vermeye çalışıyordu. Olabilecek en yüksek ahlaki değerlere uygun yaşamaya çalışıyordu. Hapisteki yıllarım sırasında tanıştığım en iyi insan oydu!"

İşte Steinhof'un katliamcısı Dr. J.'nin hikayesi budur. İnsanın davranışlarını öngörmeye kim cüret edebilir ki? Bir makinenin, bir otomatın hareketleri ve hatta insan psişesinin mekanizmaları ve "dinamikleri" tahmin edilebilir ama insan psişeden fazlasıdır.

Ancak özgürlük son söz değildir. Özgürlük öykünün sadece bir kısmı, hakikatin ise yarısıdır. Olumlu yanı sorumluluk olan fenomenin olumsuz yanından başka bir şey değildir. Aslında sorumluluklara göre yaşanmadığı sürece tamamen keyfiyete dönüşerek dejenere etme tehlikesini barındırır. İşte bu yüzden Doğu Yakası'ndaki Özgürlük Anıtı'nın karşısına, *Batı Yakası'na Sorumluluk Anıtı* konulmasını öneriyorum.

PSİKİYATRİK AMENTÜ

İnsanı, tüm özgürlüklerinden mahrum bırakacak hiçbir koşul yoktur. Bu yüzden de nevrotik ve hatta psikotik vakalarda bile özgürlük kırıntıları kalmıştır. Hatta hastanın kişiliğinin temel çekirdeğine psikoz bile dokunamaz. İyileşmesi mümkün olmayan bir psikotik hasta, faydalılığını yitirse de insan olma onurunu hâlâ koruyabilir. Benim psikiyatrik amentüm budur. Böyle olmasaydı, psikiyatr olmaya değmezdi. Kim için psikiyatrlık yapacaktım? Artık tamir edilmesi mümkün olmayan hasarlı beyin aygıtı için mi? Danışan bundan fazlası olmasaydı, ötanazi tek mantıklı seçenek olurdu.

PSİKİYATRİNİN YENİDEN İNSANİLEŞTİRİLMESİ

Fazlasıyla uzun bir süredir, aslında yüzyılın yarısı boyunca psikiyatri, insan zihnini sadece bir mekanizma olarak tanıdı ve sonucunda akıl hastalığının sadece bir teknikle tedavi edilebilir olduğuna inandı. Ben bu zannın geride kaldığına inanıyorum. Artık ufukta görünen psikolojikleştirilmiş bir tıp değil, insanileştirilmiş bir psikiyatridir.

Yine de kendini bir teknisyen rolünde gören bir doktor, hastalığın arkasındaki insanı görmek yerine, danışanında bir makineden daha fazlasını göremediğini itiraf edecektir! İnsan diğerleri arasında bir şey değildir: Şeyler birbirini belirler ama insan nihai olarak kendisi tarafından belirlenir. Yetileri ve çevresel koşullarının sınırlamaları dahilinde ne olduysa, kendi kendine yapmıştır. Örneğin toplama kamplarında, bu yaşayan laboratuvarlar ve bu deney alanlarında, bazı yoldaşlarımız domuz gibi davranırken, diğerlerinin azizler gibi davrandığına tanık olduk. İnsanın içinde hangisinin gerçekleşeceği kendi kararlarına bağlı olan iki olasılık da vardır.

Bizim kuşağımız gerçekçidir: Biz insanın gerçekte ne olduğunu gördük. Sonuç olarak Auschwitz'teki gaz odalarını icat eden de, buralara dudağında Tanrı'nın buyruğu Şema Yisrael ile dimdik giren de insandır.

ÜÇÜNCÜ KISIM

1984 EK YAZISI: TRAJİK İYİMSERLİK LEHİNE[20]

ABD'de logoterapi alanındaki öncü çabaları 1955 kadar erken bir tarihte başlayan ve alana paha biçilemez katkılarda bulunan Edith Weisskopf-Joelson'ın anısına...

İlk olarak kendimize "trajik iyimserlik" (optimizm) ile ne kastedildiğini soralım. Bu tabir, kabaca logoterapideki adıyla "trajik üçlüye" rağmen iyimser olabilme ve kalabilmeyi anlatır. Trajik üçlü şunlardır: (1) Acı, (2) suçluluk ve (3) ölüm. Bu bölüm aslında tüm bunlara rağmen hayata evet diyebilmenin nasıl mümkün olabileceği sorusuna cevap arar. Soruyu farklı bir şekilde sormak gerekirse, hayat trajik unsurlarına rağmen potansiyel anlamını koruyabilir mi? Almanca bir kitabımın adına kaynaklık eden bir deyişle ifade edecek olursak, sonuç olarak "her şeye rağmen hayata evet diyebilmek", hayatın herhangi bir koşul altında hatta en sefil koşullar altında bile potansiyel

20 Bu bölüm, 1983'te Batı Almanya'daki Regensburg Üniversitesi'nde gerçekleştirilen Dünya Üçüncü Logoterapi Kongresi'nde verdiğim bir dersten oluşturulmuştur.

olarak anlamlı olduğu önkabulüne dayanır ve bu da hayatın olumsuz unsurlarını olumlu ve yapıcı bir şeye dönüştürmeye yönelik insan becerisini gerektirir. Başka bir deyişle önemli olan herhangi bir durumda en iyisini yapmaktır ancak buradaki "en iyi" Latince karşılığıyla *optimum*'a denk gelmektedir ve trajik optimizmden bahsetmemin nedeni de budur. Yani trajedi karşısında ve insan potansiyelinin en iyi kullanımında her zaman şunlara olanak tanınır: (1) Istırabı bir insan kazanımına ve edinimine çevirme; (2) suçluluktan kendini iyiye doğru değiştirme olanağı çıkarma ve (3) hayatın geçiciliğinden, sorumlu davranış için bir teşvik edinme.

Ancak iyimserliğin tavsiye veya emirle benimsenebilecek bir şey olmadığını unutmayalım. İnsan kendini bile, ne her türlü tersliğin ne de her türlü umudun karşısında ayrım gözetmeksizin iyimser olmaya zorlayamaz. Amerikan kültürü, Avrupalıların gözünde sürekli olarak "mutlu" olmayı emrediyormuş gibi görünür ancak mutluluğun peşinde koşulamaz, o kendiliğinden ortaya çıkmalıdır. İnsanın "mutlu" olmak için nedeni olmalıdır ancak neden bulunduğunda insan otomatik olarak mutlu olur. Gördüğümüz gibi insan mutluluk peşinde değil, daha ziyade verili bir durumun barındırdığı potansiyeli gerçekleştirerek mutlu olacak bir nedenin peşindedir.

Bu neden ihtiyacı, insana özgü fenomenlerden birinde de benzer şekilde görülür: Kahkaha. Birinin gülmesini istiyorsanız, ona bunun için bir neden vermelisiniz; örneğin ona bir fıkra anlatmalısınız. Onu buna zorlayarak ya da kendisini zorlamasını sağlayarak kahkaha atmasını sağlamak hiçbir şekilde mümkün değildir. Bunu yapmak insanlara fotoğraf çekilirken "peynir" dedirttikten sonra çekilen fotoğraflardaki donuk ve yapay gülümsemelere neden olur.

Logoterapide bu tür bir davranışa "aşırı niyet" adı verilir. İster frijitlik ister iktidarsızlık söz konusu olsun, aşırı niyet cinsel nevrozların nedenleri arasında önemli rol oynamaktadır. Kişi, kendisini unutacak kadar kendini vermek yerine, doğrudan orgazm için debelenirse cinsel haz için verilen bu çaba kendi kendini imkansız kılan bir hal alır. "Haz ilkesi" daha ziyade alınan keyfi bozan bir şeye dönüşür.

Bireyin anlam arayışının başarılı olması ona sadece mutluluk değil, aynı zamanda ıstırapla başa çıkma gücü de verir. Peki ya insanın anlam arayışı boşunaysa ne olur? Bu ölümcül bir duruma bile yol açabilir. Örneğin, savaş esirleri veya toplama kampları gibi uç örneklerde bazen olan şeyleri düşünelim: Amerikalı askerlerden duyduğum kadarıyla esir kamplarında "bırakmak" adını verdikleri kristalize bir davranış örüntüsü varmış. Bu davranış, örneğin bir gün sabah beşte kalkıp işe gitmeyi reddederek idrar ve dışkıyla ıslanmış samanların üzerinde barakada kalmaktır. Hiçbir şey, ne uyarılar ne tehditler bırakanların fikrini değiştiremez ve sonra tipik bir şey gerçekleşir: Ceplerinin dibinde sakladıkları bir sigarayı çıkarıp içmeye başlarlar. O anda, bundan sonraki kırk sekiz saat içinde onların ölümünü izleyeceğimizden emin olabiliriz. Anlam yönelimi bitmiş ve anında haz arama bunun yerine geçmiştir.

Bu, günbegün karşımızda olan başka bir duruma benzemiyor mu? Kendilerine tüm dünyada "gelecek yok" (no future) kuşağı diyen gençleri düşünüyorum. Elbette onların sığındığı tek şey sigara değil, aynı zamanda maddelerdir de.

Aslında maddelerin sahneye çıkması daha genel kitlesel bir fenomenin sonucudur; sanayi toplumlarımızda evrensel bir fenomen haline gelen ve varoluşsal ihtiyaçlarımızın engellenmesi sonucu oluşan anlamsızlık hissinin. Bugün anlamsızlık hissinin nevroz gelişiminde giderek artan bir rol oynadığını öne sürenler sadece logoterapistler değildir. Stanford Üniversitesi'nden Irvın D. Yalom'un da *Varoluşçu Psikoterapi*'de söylediği gibi: "Psikiyatri kliniğine ardışık olarak başvuran kırk danışanın on ikisi (yüzde 30) anlamla ilişkili temel bir sorun yaşamaktadır (anketler, terapistler ve bağımsız değerlendiriciler tarafından değerlendirilmiştir).[21] Palo Alto'nun binlerce kilometre doğusunda durum sadece yüzde 1 farklıdır; en güncel istatistikler Viyana'da nüfusun yüzde 29'unun hayatlarının anlamdan yoksun olmasından şikayetçi olduğunu göstermektedir.

Anlamsızlık hissinin nedeni olarak, çok basit bir kibirle de olsa insanların araçları olduğunu ama anlamdan yoksun olduklarını söylemek mümkündür. Elbette bazılarının araçları da yoktur. Özellikle bugün işsiz olan kitleleri düşünüyorum. Elli yıl önce, genç danışanlarda teşhis ettiğim ve "işsizlik nevrozu" diye adlandırdığım tipte depresyonla ilgili bir çalışma yayımlamıştım.[22] Bu nevrozun aslında iki taraflı bir yanlış özdeşleşmeden kaynaklandığını göstermiştim: İşsiz olmak yararsız olmakla ve yararsız olmak da anlamsız bir hayata sahip olmakla eşdeğer görülüyordu. Sonuç olarak danışanları;

21 Basic Books, New York, 1980, s. 448.

22 "Wirtschaftskrise und Seelenleben vom Standpunkt des Jugendberaters," *Sozialärztliche Rundschau*, Cilt. 4 (1933), s. 43-46.

gençlik örgütlerinde, yetişkin eğitiminde, halk kütüphanelerinde ve benzerler organizasyonlarda gönüllülük yapmaları için ikna etmeyi başardığımda, yani bir diğer deyişle onca boş vakti, karşılığında para almadıkları ama anlamlı bir etkinlikle doldurabildiklerinde ekonomik durumları değişmemesine ve hâlâ aç olmalarına rağmen depresyonları iyileşmişti. Gerçek şu ki insan sadece refah sayesinde yaşamaz.

Bireyin sosyoekonomik durumuyla tetiklenen işsizlik nevrozunun yanı sıra, izleri vakaya bağlı olarak psikodinamik veya biyokimyasal koşullarda sürebilen başka depresyon tipleri de vardır. Bunlara sırasıyla psikoterapi veya ilaç tedavisi de önerilebilir ancak anlamsızlık hissi söz konusu olduğunda, bunun aslında bir patoloji meselesi; nevroz işareti ya da belirtisi değil, insanın insanlığının bir kanıtı olduğunun kanıtı olduğunu aklımızdan çıkarmamalıyız. Sadece genç kuşakta çok yaygın olan kitlesel nevrotik sendromu düşünün: Bu sendromun üç parçası da (depresyon, saldırganlık, bağımlılık) logoterapide bir boşluk ve anlamsızlık hissine tekabül eden "varoluşsal boşluğa" bağlıdır.

Ne her bir depresyon vakasının temelinde anlamsızlık hissinin izlenebileceği ne de depresyonun yol açtığı intihar vakalarının her zaman varoluşsal boşluktan kaynaklandığı söylenebilir. Yine de her bir intihar, anlamsızlık duygusundan kaynaklanmıyorsa bile, bireyin kendi canına kıyma dürtüsü yaşamaya değer bir anlam veya amaç bulduğunda sona ererdi.

Peki, güçlü bir anlam yönelimi intiharın önlenmesinde belirleyici bir rol oynuyorsa, intihar riski olan vakalarda müdahale için ne düşünülebilir? Genç bir doktorken, Avusturya'nın en büyük devlet hastanesinde şiddetli depresyondaki kişilerin kaldığı bölümde dört yıl çalıştım. Bunlardan birçoğu intihar girişimlerinin ardından buraya yatırılmıştı. Bir keresinde dört yıl içinde on iki bin hastaya bakmam gerektiğini hesaplamıştım. Orada biriktirdiğim deneyimler, intihara yatkın biriyle karşı karşıya olduğumda bana hâlâ yardımcı olur. Bu kişilere, oradaki danışanlarımın girişimleri başarısız olduğu için mutlu olduğunu ve haftalar, aylar, yıllar sonra sorunlarına bir çözüm, sorularına cevap ve hayatlarında anlam bulduklarını anlatırım. Açıklamama "binlerce vakada işler yoluna girmiş olsa bile..." diye devam ederim: "Kim senin için de bir gün, er ya da geç bunun olmayacağını garanti edebilir ki? Yine de ilk olarak bunun olabileceği günü görmelisin ve şafak sökene kadar hayatta kalmalısın. Bundan sonra hayatta kalma sorumluluğu seni terk etmeyecek."

Kitlesel nevrotik sendromun ikinci yüzüne (saldırganlık) dair bir zamanlar Carolyn Wood Sherif tarafından yapılmış bir deneyden bahsetmek istiyorum. Deneyciler, izci oğlan grupları arasında yapay bir şekilde ortak saldırganlık yaratmayı başarmıştı ve bu saldırganlığın sadece gençler, kendilerini kolektif bir amaca (kampa yiyecek getiren kamyonu saplandığı çamurdan kurtarmak) adadıkları zaman azaldığını gözlemlediler. Bir an içinde sadece değişmekle kalmadılar, ayrıca karşılamaları gereken bir anlam sayesinde birleştiler.[23]

Üçüncü mesele olan bağımlılığa dair de Annemarie von Forstmeyer'in ortaya koyduğu, testler ve istatistiklerle de ka-

---

23 Bu deneye dair daha fazla bilgi için, bkz. Viktor E. Frankl, *The Unconscious God,* New York, Simon and Schuster, 1978, s. 140 ve Viktor E. Frankl, *The Unheard Cry for Meaning,* New York, Simon and Schuster, 1978, s. 36.

nıtladığı üzere, alkoliklerin yüzde 90'ı derin bir anlamsızlık duygusundan mustariptir. Stanley Kripper'ın çalıştığı madde bağımlılarının yüzde 100'ü "her şeyin anlamsız göründüğüne" inanmaktadır.[24]

Haydi, anlam sorununun kendisine dönelim. Başlangıç olarak logoterapistin, insanın hayatı boyunca karşılaşmak zorunda kaldığı tüm tekil durumlara içkin olan potansiyel anlamla ilgilendiğini netleştirmek istiyorum. Bu yüzden de hayatın anlamını bir bütün olarak değerlendiremeyeceğim ancak buna rağmen anlama ilişkin böyle kapsamlı bir tanımın var olduğuna inanıyorum. Bir benzerlik kurmak için bir filmi gözünüzde canlandırın: Teker teker binlerce resimden oluşur ve her biri mantıklı ve anlamlıdır. Yine de son kareyi izlemeden filmin anlamını kavrayamayabiliriz ancak her bir bileşenini, her bir tekil resmi anlamadan da filmi anlamamız mümkün olmaz. Hayat da böyle değil midir? Varsa, hayatın nihai anlamı da sadece ölüm döşeğinde en sonda anlaşılır olamaz mı? Nihai anlam da her bir tekil durumun, bireyin bilgi ve inançlarına en uygun şekilde gerçekleştirilmesine bağlı değil midir?

Logoterapi açısından bakıldığında anlamın ve bunun idrakinin, ayakları yerden kesilmiş veya fildişi kulede saklı olmadığı, tam aksine tamamen ayakları yere basar şekilde bulunduğu açıktır. Büyük bir coşkuyla, anlam bilişini (somut bir durumun kişisel anlamının) Karl Bühler'in öne sürdüğü anlamda "aha" deneyimi ile Max Wertheimer'in kuramı çizgisindeki Geştalt algısının ortasında bir yere yerleştirebiliriz.

---

24 Daha fazla bilgi için, bkz. *The Unconscious God*, s. 97-100; and *The Unheard Cry for Meaning*, s. 26-28.

Anlam algısı, Geştalt algısının klasik kavramsallaştırmasından, "zemin" ve "şekle" dair ani bir farkındalık gerektirmesi ile farklılaşır. Zira anlam algısı, benim anladığım şekilde, arka plandaki gerçekliğe rağmen olasılığın ya da daha basit bir deyişle verili bir durumda ne yapılabileceğinin farkına varılması ile ilgildir.

Peki, insan anlam bulmaya nasıl başlar? Charlotte Bühler'in ifadesiyle: "Tek yapabileceğimiz, insan hayatının nihai olarak neyle ilgili olduğuna ilişkin sorularına cevap bulan ya da bulmayan insanların hayatlarını incelemektir." [25] Bu tür bir biyografik yaklaşıma ek olarak, biyolojik bir yaklaşım da benimsenebilir. Logoterapi, bilinci verili bir yaşam durumunda hareket etmemiz gereken yönü belirten bir suflör gibi ele alır. Böyle bir görevi sürdürebilmek için insanın karşılaştığı durumlara karşı bir ölçek uygulaması ve durumun bir dizi ölçüt ve bir değer hiyerarşisi ışığında değerlendirilmesi gerekir ancak bu değerler bilinç düzeyinde benimseyebileceğimiz şeyler değildir; onlar daha ziyade olduğumuz şeylerdir. Bizim türümüzün evrimsel süreci içinde kristalize olmuştur; biyolojik tarihimiz üzerine inşa edilmiştir ve biyolojik derinliklerimize kök salar. Biyolojik *a priori* kavramını geliştirirken, Konrad Lorenz'in kafasında da benzer bir şey olabilir. Onunla değer sürecinin biyolojik temellerine ilişkin kendi görüşlerimi paylaştığımda heyecanla onaylamıştı. Her şekilde kendine yönelik, düşünce öncesi bir aksiyolojik kavrayış mevcuttur ve bunun biyolojik kalıtımımızda demirlediğini varsayabiliriz.

---

25 "Basic Theoretical Concepts of Humanistic Psychology," *American Psychologist*, XXVI (Nisan 1971), s. 378

Logoterapinin ortaya koyduğu gibi, insanı hayatta anlama ulaştıran üç temel yol vardır. İlki bir yaratım ya da görev yerine getirme sürecidir. İkincisi, bir şeyi deneyimleme ya da biriyle etkileşimdir: Diğer bir deyişle anlam, sadece çalışmada değil aynı zamanda sevgide de bulunabilir. Edith Weisskopf-Joelson, logoterapötik olarak şu gözlemi yapmıştır: "Deneyimlemenin, edinmek kadar değerli olduğunun farkına varılması iyileştiricidir çünkü dış dünyaya yönelik kazanımın, içsel deneyim dünyası pahasına vurgulanmasına karşı koyar."[26]

Daha da önemlisi ise hayattaki anlamın üçüncü yoludur: Umutsuz bir durumun çaresiz bir kurbanı bile, değiştiremeyeceği bir kaderle karşı karşıyayken kendi ötesine geçebilir ve bunu yaparken kendini değiştirebilir. Kişisel bir trajediyi bir zafere dönüştürebilir. Yine Istırabın Anlamı bölümünde de belirttiğim üzere, Edith Weisskopf-Joelson'ın söylediği gibi logoterapi "ABD'nin bugünkü kültüründeki çaresi olmayan acılardan mustarip olanların ıstıraplarından gurur duymaları ve bunu aşağılayıcı değil, ulvileştirici bir deneyim olarak görmek için çok az fırsat tanınan ve böylece insanın sadece mutsuz olmakla kalmayıp mutsuzluktan utanç duymasına yol açan bazı sağlıksız akımların etkisini azaltmaya yardımcı olabilir."

Çeyrek yüzyıl boyunca bir hastanenin nöroloji bölümünü yönettim ve danışanlarımın kötü durumlarını kazanımlara dönüştürme yönündeki kapasitelerine tanık oldum. Bu pratik deneyimlerin yanı sıra, ampirik bulgular da insanın ıstırapta

---

26 "The Place of Logotherapy in the World Today," *The International Forum for Logotherapy*, Cilt. 1, No. 3 (1980), s. 3-7.

anlam bulabileceğini gösterir. Yale Üniversitesi Tıp Fakültesi'nden araştırmacılar "Vietnam Savaşı'nda esir düşenlerin arasında, esaretleri fazlasıyla stresli (işkence, hastalık, kötü beslenme ve tecrit) olsa bile bu deneyimden fayda gören ve bunu geliştirici bir deneyim olarak değerlendirenlerin sayısından" etkilendiklerini söylemişlerdir. [27]

Ancak "trajik iyimserlik" lehine en güçlü argümanlar Latincede *argumenta ad hominem* şeklinde nitelendirilen tartışmalardır. Bir örnek vermek gerekirse, Jerry Long logoterapide "insan ruhunun meydan okuma gücü" denilen şeyin canlı örneğidir.[28] *Texarkana Gazette*'den alıntıyla: " Bir dalış kazası sonucu Jerry Long'un boynundan aşağısı felç olmuş durumdadır. Bu kaza olduğunda on yedi yaşındaydı. Bugün Long, ağzındaki bir çubukla klavyede yazı yazabilmektedir. Özel bir telefon aracılığıyla Kamu Üniversitesi'nde verilen iki derse katılmaktadır. Bu telefon bağlantısı, Long'un sınıftaki tartışmaları hem işitmesini hem de onlara katılmasını sağlar. Ayrıca vaktini okuyarak, televizyon izleyerek ve yazarak geçirmektedir." Ondan aldığım bir mektupta şöyle diyordu: "Hayatımı, anlam ve amaç dolu buluyorum. Kaderimi değiştiren gün takındığım tavır, hayatım boyunca kişisel amentüm oldu: Boynumu kırdım, kendimi değil. Şu anda üniversitede ilk defa psikoloji dersi alıyorum. Bu engelin sadece benim diğerlerine yardım edebilme becerimi artırdığına inanıyorum. Istırap olmasaydı, bu kazandıklarımın imkansız olacağını biliyorum."

---

27 W. H. Sledge, J. A. Boydstun ve A. J. Rabe, "Self-Concept Changes Related to War Captivity," *Arch. Gen. Psychiatry*, 37 (1980), ss. 430-443.

28 Haziran 1983'teki Üçüncü Dünya Logoterapi Kongresi'nde Long'un sunduğu bildirinin adı "İnsan Ruhunun Meydan Okuma Gücü" idi.

Peki bu, anlam keşfetmek için ıstırap çekmek gerektiği anlamına mı geliyor? Kesinlikle hayır. Sadece bu kitabın ikinci bölümünde de belirttiğim gibi, ıstırabın kaçınılmaz olduğu durumda, anlamın ıstıraba rağmen ve hatta onun sayesinde bulunabileceğini söylüyorum. Kaçınılmaz değilse yapılacak anlamlı şey, nedenini ortadan kaldırmaktır çünkü gereksiz ıstırap kahramanlık değil, mazoşizmdir. Diğer yandan insan, ıstırabına neden olan durumu değiştiremiyorsa bile ona karşı tutumunu belirleyebilir.[29] Long, boynunu isteyerek kırmamıştı ama başına gelenlerin onu ezmesine izin vermemeyi kendi seçti.

Gördüğümüz gibi, acı çekmemize neden olan durumu yaratıcı bir şekilde değiştirme bir öncelik olarak bakidir fakat ihtiyaç varsa üstünlük "nasıl acı çekeceğini bilmekle" sağlanır ve "sokaktaki adamın" da gerçekten aynı fikirde olduğuna ilişkin ampirik bulgular vardır. Avusturya'daki bir kamuoyu yoklaması, yoklamaya katılan kişiler arasında en çok saygı duyulanların büyük sanatçılar, büyük bilim insanları, büyük devlet insanları ya da büyük sporcular değil, başlarını dik tutarak zorluklardan ustaca geçenler olduğunu göstermiştir.

---

29 İkinci Dünya Savaşı sırasında Varşova Gettosu Direnişi'nin örgütlenmesinde rol oynamış bir Polonyalı kardiyoloğun Avusturya Televizyonu'nda izlediğim röportajını hiç unutmuyorum. "Ne kadar kahramanca bir iş" diyen gazeteciye, sakince "Dinleyin" diye cevap vermiştir: "Elinize silah alıp ateş etmek büyük bir olay değil ama SS sizi infaz etmek üzere gaz odasına veya toplu mezarlığa götürürken elinizden yolunuzda onurla yürümek dışında bir şey gelmiyorsa buna kahramanlık denir." Deyiş yerindeyse, tutumsal kahramanlık.

Trajik üçlünün ikinci bileşenine, yani suçluluğa dönerken bana her zaman muhteşem gelen bir dinsel kavramdan yola çıkmak istiyorum. Bu kavramı, bir suçun son tahlilde biyolojik, psikolojik veya sosyolojik faktörlerle açıklanamadığı için açıklanmadan bırakıldığı *mysterium iniquitatis* ile açıklayacağım. Birinin suçunu tam olarak açıklayabilmek, suçluluğunu gidermek ve insanı özgür ve sorumlu bir insan değil, tamir edilmesi gereken bir cihaz olarak *görmekle aynı anlama gelir.* Suçluların kendisi bile bu muameleden hoşlanmaz ve yaptıklarından sorumlu tutulmak isterler. Illinois Islahevi'nde cezasını çeken bir mahkum, bana yazdığı bir mektupta şöyle diyordu: *"Suçlunun kendini açıklama şansı yoktur. Aralarından birini seçebileceği bir sürü mazeret hazır sunulur. Toplum suçlanır ve birçok durumda da suç kurbana atılır."* Ben de San Quentin'deki mahkumlara yaptığım bir konuşmada onlara "Siz de benim gibi birer insansınız. Suç işlemek ve suçlu olmak için özgürdünüz ancak şimdi bunun üstüne çıkabilmek ve kendinizi geliştirebilmek, daha iyiye dönüşmek için fırsatınız var" dediğim zaman kendilerini anlaşılmış hissetmişlerdi. Eski bir mahkum olan Frank E. W. bana yazdığı mektupta, canice suçlar işlemiş kişiler için bir logoterapi grubu kurduğunu anlatıyordu: "Yirmi yedi kişiyiz ve güçlüyüz; yeni gelenler bizden aldıkları güçle cezaevine yeniden girmekten uzak durabiliyorlar. Sadece biri geri döndü ama artık o da özgür."

Kolektif suçluluk kavramına ilişkin olarak, bir kişiyi başka bir kişinin ya da birçok kişinin davranışlarından sorumlu tutmanın hakkaniyetli olmadığını düşünüyorum. İkinci Dünya Savaşı'nın sonundan beri, kolektif suç kavramına karşı kamusal alanda tartışmaktan hiç yorulmadım fakat bazen, insanları batıl inançlarından kurtarmak için birçok didaktik hile gerekmektedir. Bir Amerikalı kadın bir gün bana şunu sormuştu: "Nasıl hâlâ kitaplarınızın bazılarını Adolf Hitler'in dili olan Almancada yazabiliyorsunuz?" Cevap olarak ona mutfakta bıçak kullanıp kullanmadığını sordum ve kullandığını söylediğinde şok olmuş gibi davranarak "Bu kadar katil kurbanlarını bıçaklayıp öldürürken nasıl hâlâ bıçak kullanabilirsiniz?" dedim. Kitaplarımı Almanca yazmama yaptığı itirazdan vazgeçmişti.

Trajik üçlünün üçüncü unsuru ölümdür ancak bu, hayatla da ilgilidir çünkü hayatı oluşturan her an ölümü de kapsar ve hiçbir an tekrar etmeyecektir. Yine de bu geçicilik, hayatımızdaki her anın değerini bilmemizi sağlamaz mı? Elbette öyledir ve benim ilkem şudur: Halihazırda ikinci kez yaşıyormuşsunuz ve ilk seferinde şimdi olduğu gibi yanlış hareket etmek üzereymişsiniz gibi yaşayın!

Aslında doğru davranmak için fırsatlar ve anlam olanakları hayatlarımızın geri dönüşsüzlüğünün etkisi altındadır ancak potansiyeller de bundan aynı şekilde etkilenir. Bir olanağı kullanıp potansiyel bir anlamı gerçeğe dönüştürdüğümüz anda artık bunun geri dönüşü olmaz. Artık onu, güvenle korunup saklandığı geçmişe dahil etmişizdir. Geçmişte hiçbir şey geri dönüşsüz bir şekilde kaybolmuş değildir; aksine her şey kaybolmaz bir şekilde saklanmış ve korunmuştur. İnsanlar, geçiciliğin anızlarını görmeye meyillidir ve hayatlarının hasadını sakladıkları dopdolu ambarları unuturlar: Görevler yerine getirilmiş, sevilenler sevilmiş ve en az bunlar kadar önemlisi, ıstıraplar cesaret ve onurla geride bırakılmıştır.

Buradan bakarsak, yaşlılara acımak için bir neden yoktur. Aslında gençlerin onları kıskanmaları gerekir. Yaşlıların geleceğe dair fırsatları ve olanakları olmadığı doğrudur ama onlarda bundan fazlası vardır. Gelecekteki olasılıklar yerine geçmişteki gerçekliklere, yani yerine getirdikleri potansiyeller, doldurdukları anlamlar, hayata geçirdikleri değerlere sahiptirler. Hiç kimse ve hiçbir şey bunları geçmişten söküp alamaz.

Istırapta anlam bulma olasılığı açısından, hayatın anlamı en azından potansiyel olarak koşulsuzdur ancak bu koşulsuz anlam her bir insanın koşulsuz değeri ile başabaş gitmektedir. İnsan onurunun baki olmasını garanti eden de budur. Hayatın her koşulda, en sefil koşullarda bile potansiyel olarak anlamla dolu olduğu gibi, her bir insanın değeri onunla kalır. Kalır çünkü bu değer geçmişte yerine getirdiği değerlerle ilgilidir ve bunun, bugün gösterdiği yararlılıkla ilgisi yoktur.

Biraz açmak gerekirse, yararlılık genellikle toplumun yararına uygun işlev gösterebilmek olarak tanımlanır fakat bugünün toplumu kazanım yönelimlidir ve bunun sonucu olarak başarılı ve mutlu insanları ve özellikle de gençleri göklere çıkarır. Bunlar dışında kalan herkesin değerini görmezden gelir ve bunu yaparken, onur anlamında değerli olanla faydalılık anlamında değerli olan arasındaki belirleyici çizgiyi bulanıklaştırır. İnsan bu farkın bilincinde olmaz ve bireyin değerinin şimdiki faydalılığına bağlı olduğuna inanırsa, o halde inanın ki Hitler'in programına göre ötanazi istemesi kendi açısından tutarlı olacaktır; yani toplumsal yararlılıklarını yaşlanma, tedavi edilemeyen hastalık, zihinsel gerileme veya başka bir engel dolayısıyla yitirmiş olanların "acısız" öldürülmesini savunmalıdır.

İnsan onurunu safi yararlılıkla karıştırmak, izleri üniversite kampüslerine veya analiz divanına da bulaşmış olan çağdaş nihilizmde bulunabilecek kavramsal bir karmaşadan kaynaklanır. Analiz eğitiminde bile bu tür bir beyin yıkamaya rastlanabilir. Nihilizm, hiçbir şeyin gerçek olmadığını iddia etmez ama her şeyin anlamsız olduğunu öne sürer. George A. Sargen "öğrenilmiş anlamsızlıktan" bahsederken haklıdır. Kendisi de "George, dünyanın bir şaka olduğunun farkına varmalısın. Adalet yoktur, her şey rasgeledir. Bunu anladığın zaman kendini bu kadar ciddiye almanın ne kadar aptalca olduğunu anlayacaksın. Dünyada büyük bir hedef yoktur. O sadece öyledir. Bugün nasıl davranacağına ilişkin verdiğin hiçbir kararda özel bir anlam yoktur" diyen bir terapistle karşılaşmıştır.

Bu tür bir eleştirellik genellenemez. İlkesel olarak, eğitim vazgeçilmezdir ancak bu durumda, terapistlerin öğrencilerini kendi nihilizmlerine karşı bir savunma mekanizması olan siniklikle aşılaması değil, onlara nihilizme karşı bağışıklık kazandırma görevini benimsemesi gerekir.

Logoterapistler, diğer psikoterapi ekolleri tarafından şart koşulan eğitim ve lisans koşullarının bazılarını benimseyebilirler. Başka bir deyişle, kurtlar sofrasına nasıl oturacağını bilmek gerekir ama öyleyse bile ben bunu yaparken kurt kılığında kuzu olmayı tercih ederim. İnsana ve logoterapiye içkin olan yaşam felsefesinin ilkelerine ihanet etmeye gerek yoktur. Böyle bir sadakati göstermek, Elisabeth S. Lukas'ın bir zamanlar işaret ettiği üzere çok da zor değildir: "Psikoterapi tarihi boyunca dogmatikliğe logoterapiden daha uzak bir ekol olmamıştır."[30] Birinci Dünya Logoterapi Kongresi'nde (San Diego, Kaliforniya, 6-8 Kasım, 1980) sadece psikoterapinin yeniden insanileştirilmesinden değil, ayrıca "logoterapinin gurusuzlaştırılması" diye adlandırdığım ihtiyaçtan da bahsetmiştim. Ben "sahibinin sesini" tekrarlayan papağanlar yetiştirmekle değil, meşaleyi "bağımsız ve hünerli, yaratıcı ve yenilikçi" ruhlara teslim etmekle ilgileniyorum.

Sigmund Freud, bir zamanlar "Birbirinden farklı birçok insanı aynı açlığa mahkum edelim. Açlık dürtüsünün kaçınılmaz olarak artışı ile birlikte tüm bireysel farklılıklar belirsizleşecek ve bunların yerine, karşılanmamış bir ihtiyacın aynı şekilde ifadesi ortaya çıkacaktır" demişti. Çok şükür ki Sigmund Freud, toplama kamplarına içeriden tanıklık etmekten kurtuldu. Onun danışanları Auschwitz'in pisliklerinde değil, Viktoryen tarzda tasarlanmış divanlarda uzanıyordu. Orada, "bireysel farklılıklar belirsizleşmedi", tam aksine insanlar daha da farklılaştı; hem domuzlar hem de azizler maskelerini çıkarttı ve artık bugün "azizler" kelimesini kullanırken tereddüte gerek yoktur: Auschwitz'te açlığa mahkum edilen ve karbolik asit iğnesiyle katledilen; 1983 yılında da aziz ilan edilen Peder Maximilian Kolbe'yi düşünün.

Beni kaidelere istisna oluşturan örnekler vermekle suçlayabilirsiniz. "*Sed omnia praeclara tam difficilia quam rara sunt*" (Güzel olan her şey nadir olduğu kadar da güçtür) der

---

30 Psikoterapiye ilgilenen herkese logoterapi dayatılamaz. Bu bir pazara değil, süpermarkete benzer. İlkinde müşteri bir şey almaya ikna edilir. İkincisinde ise aralarından kendisi için faydalı ve değerli olabilecek birçok şey sunulur.

Spinoza Etika'nın son cümlesinde. Elbette "azizler" derken, kastımızın ne olduğunu sorabilirsiniz. Dürüst insanlardan bahsetmek yeterli değil midir? Bunların bir azınlık olduğu gerçektir. Bundan da fazlası, her zaman azınlık kalacaklardır. Yine de bu azınlığa katılmanın büyük bir mücadele gerektirdiğini düşünüyorum. Dünya kötü bir durumdadır ve her birimiz elimizden gelenin en iyisini yapmazsak daha da kötüsü olacaktır.

Bu yüzden de uyanık olalım. İki şekilde uyanık olalım:

Auschwitz'ten beridir insanın neler yapabileceğini biliyoruz.

Hiroşima'dan bu yana ise neyin tehlikede olduğunu.

Psikoloji / Psikiyatri serisi kitapları:

Majör Depresif Bozukluk Hastalarının Tedavileri İçin Uygulama Kılavuzu, *Çev. Ayla Yazıcı*

Şiir ve Psikiyatri Kavşağında, *Yusuf Alper*

Duygudurum Bozukluklarında Atipik Antipsikotik Kullanımı, *Editör: Simavi Vahip*

Öteki Peygamberler, *Anthony Storr, Çev. Aslı Day*

Biz - Romantik Aşkın Psikolojisi, *Robert A. Johnson, Çev. Işılar Kür*

Buradan Böyle / Hayatın Psikososyopolitiği, *Erol Göka*

İç Bahçe, *Betül Yalçıner, Lütfü Hanoğlu*

Psikiyatri ve Sinema, *Krin O. Gabbard, Glen Gabbard, Çev. Yusuf Eradam, Hasan Satılmışloğlu*

Psikiyatri Tarihi, *Ali Babaoğlu*

Yaşlılık ve Depresyon, *Cem Mumcu, Çağrı Yazgan*

Kadın ve Depresyon, *Cem Mumcu, Suzan Saner, Peykan G. Gökalp*

Nöroloji ve Psikiyatrinin Örtüşen Yüzleri, *Betül Atabey Yalçıner, Lütfü Hanoğlu*

Aşiyan'daki Kahin - Tevfik Fikret'in Melankolik Dünyası, *Serol Teber*

Aşk ve Kıskançlık, *Ayala Malach Pines, Çev. Canan Yonsel*

Kozmik Kahkaha, *Vamık D. Volkan, Çev. Banu Büyükkal*

Cesur Yeni Beyin, *Nancy C. Andreasen, Çev. Yıldırım B. Doğan*

Atlarla Yaşayan Kadın, *Vamık D. Volkan, Çev. Banu Büyükkal*

"Bilimsel Bir Peri Masalı" - Sigmund Freud'un "Aile-ve Tarihsel Romanı", *Serol Teber*

Kusursuz Kadının Peşinde, *Vamık D. Volkan, J. Christopher Fowler, Çev. Banu Büyükkal*

Şizofreni: Sesler, Yüzler, Öyküler, *Editör: Haldun Soygür*

Depresyon Atlası, *Andrew Solomon, Çev. Berna Çapçıoğlu, Gülderen Dedeağaç, Funda Tatar*

Şizofreni Hastalığı Anlamak ve Onunla Yaşamayı Öğrenmek, *Dr. Mustafa Yıldız*

Kış Bakışı, Bir Ruh Hekiminin İç Bahçesi, *Haldun Soygür*

Canavar ve Kurbanı, Çocuk Ruhunu Anlamak, *Türkay Demir*

İnsan ve Sembolleri, *C. G. Jung, Çev. Ali Nahit Babaoğlu*

Aşk ve İrade, *Rollo May, Çev. Yudit Namer*

Kim Bu Çılgın Türkler?,
Ali Nahit Babaoğlu

Dinamik Psikiyatri,
Edwin R. Wallace, Çev. Hakan Atalay

İnsanın Anlam Arayışı,
Viktor E. Frankl, Çev. Selçuk Budak

Uykusuz Çocuklar: Şizofreni Yazıları, *Haldun Soygür*

Obsesif Kompulsif Bozukluk ve Depresyon İlkbahar/1999,
Cem Mumcu, Oğuz Karamustafalıoğlu

Obsesif Kompulsif Bozukluk ve Depresyon Yaz/1999,
Cem Mumcu, Oğuz Karamustafalıoğlu

Obsesif Kompulsif Bozukluk ve Depresyon Kış/1999,
Cem Mumcu, Oğuz Karamustafalıoğlu

MSS ve Bağışıklık Sistemi 01, *E. Timuçin Oral*

MSS ve Tiroid 02, *Erhan Ata*

MSS ve Kronik Yaygın Ağrılar 03, *Arif Dönmez*

Sesler, Yüzler, Öyküler Şizofreni Olgu Kitaplığı: 02, *Haldun Soygür*

Sesler, Yüzler, Öyküler Şizofreni Olgu Kitaplığı: 03, *Haldun Soygür*

Depresyon ve Eşlik Eden Anksiyete,
E. Timuçin Oral

Panik Bozukluğu, *Şeref Özer*

Edebiyatta Demans, *Ali Babaoğlu, Cem Mumcu*

Kişi Olmaya Dair, *Carl R. Rogers, Çev. Selçuk Budak*

Özgürlük ve Kader, *Rollo May, Çev. Ali Babaoğlu*

Yaratma Savaşı,
Steven Pressfield, Çev. Erdem İlgi Akter

Yalan Söylediğimi Nasıl Anladın?!,
Paul Ekman, Çev. Erdem İlgi Akter

Ben OK'im - Sen OK'sin, *Thomas A. Harris, M. D.*
Çev. Uzm. Psk. Nilgün Sağlam, Psikolog Hanife Uğur, Dilara Akıncı

Özerk Benlik, Kul Benlik,
Prof. Dr. M. Orhan Öztürk

Yarının İnsanı,
Carl R. Rogers, Çev. F. Cihan Dansuk

Varoluşun Keşfi,
Rollo May, Çev. Aysun Babacan

Kusursuz Kadının Peşinde *(Genişletilmiş Baskı)*,
Vamık D. Volkan, J. Christopher Fowler, Çev. Banu Büyükkal

Subliminal: Bilinçaltınız Davranışlarınızı Nasıl Yönetir?,
Leonard Mlodinov, Çev. Nuray Önoğlu

İlginç Psikiyatrik Sendromlar,
David Enoch, Hadrian Ball, Çev. Banu Büyükkal

Kendini Arayan İnsan,
Rollo May, Çev. Kerem Işık

Psiko 101,
Paul Kleinman, Çev. Hasan Kaplan

A'dan Z'ye Kişiliğiniz,
Allen R. Miller, Çev. Sıla Alayunt

Desen mi, Demesen mi?,
Cem Mumcu & Yıldırım B. Doğan

Anne Baba ve Çocuk Arasında,
Dr. Haim G. Ginott, Çev. Arzu Tüfekçi

Hayvan Katili,
Vamık D. Volkan, Çev. Cem Germaner

Zik Zak,
R. Keith Sawyer, Çev. Nalan Tümay

Psikanaliz ve Psikanalitik Terapiler,
Jeremy D. Safran, Çev. Gonca Akkaya

Kişilerarası Psikoterapi,
Ellen Frank, Jessica C. Levenson, Çev. Gonca Akkaya

Kutsal mı, Bilimsel mi? DUA,
M. Evren Hoşrik (Uzm. Psikolog)

"Tutunamayanlar"ın Politik Psikolojisi,
Serol Teber

Birey Odaklı Psikoterapiler,
David J. Cain, Çev. Nergis Hamilton

Sanat Psikodrama,
P. Asena Yurtsever

Psikoterapist ve Mitlere Yolculuk,
Rollo May, Çev: Kerem Işık

EMDR, *Francine Shapiro*
çev: Murat Şaşzade, Işıl Sansoy

Boş Ayna, *Dr. Karyl McBride*
çev: Ebrar Güldemler

Kafese Konan Adam, *Rollo May*
çev: Aysun Babacan

Güç ve Masumiyet, *Rollo May*
çev: Cihan Dansuk

Psikolojik ilk Yardım,
Tülay Kök

Senden Kurtuluş Yok mu?,
Dr. Karyl McBride, çev: Aysun Babacan

Çok Öfkeliyim,
Simel Parlak, Nilgün Canel

Kaygının Anlamı,
Rollo May, çev: Aysun Babacan

Kaygılı İnsanın Büyük Aktivite Kitabı

Jordan Reid, Erin Williams, çev: Kerem Işık

Görünmeyen Yaralar,
Rachel Louise Snyder, çev: Gül Korkmaz

Terapi Odası Konuları,
Tülay Kök

Anneler, Kızları ve Beden Algısı,
Hillary L. McBride, çev: Gül Korkmaz

Toksik Zihin,
Gad Saad, çev: Erkam Evlice

Psikoterapi Kuramları dizisi

Psikanaliz ve Psikanalitik Terapiler
Psychoanalysis and Psychoanalitic Therapies
Jeremy D. Safran

Kişilerarası Psikoterapi
Interpersonal Psychotherapy
Ellen Frank ve Jessica C. Levenson

Birey-Odaklı Psikoterapiler
Person-Centered Psychotherapies
David J. Cain

Sanat Psikodrama
P. Asena Yurtsever

Şiir Terapi
Poetry Therapy
Nicholas Mazza

Varoluşçu-Hümanistik Terapi
Existential-Humanistic Therapy
Kirk J. Schneider ve Orah T. Krug

Bilişsel-Davranışçı Terapi
Cognitive-Behavioral Therapy,
Michelle G. Kraske

Aile Terapisi
Family Therapy
William J. Doherty ve Susan H. McDaniel

Feminist Terapi
Feminist Therapy
Laura S. Brown

Naratif Terapi
Narrative Therapy
Stephen Madigan

Akılcı Duygusal Davranış Terapisi
Rational Emotive Behavior Therapy
Albert Ellis ve Debbie Joffe Ellis

Gerçeklik Terapisi
Reality Therapy
Robert E. Wubbolding

İlişkisel-Kültürel Terapi
Relational-Cultural Therapy,
Judith V. Jordan

Bilişsel Terapi
Cognitive Therapy
Keith S. Dobson, PhD

Kabullenme ve Bağlılık Terapisi
Acceptance and Commitment Therapy
Steven C. Hayes, PhD & Jason Lillis, PhD